中華賦

丘成桐 著
王元 书

高等教育出版社·北京
International Press

悼王元院士（代序言）

一个小时前，数学所的教授通知我，说『元老去了』。元老已经九十一岁了，最近身体也不是很好，但是听到这个消息，还是十分惊讶。毕竟就在一个月前，元老很热忱地用他优美的书法将我的一篇文章写了一遍，这可能是元老最后一篇书法了。他退休以后，喜欢书法，学艺于欧阳中石先生。记得十多年前，我想找书法家书写我赞美陈省身先生的一副对联。杨乐建议找元老，元老就替杨乐和我引见欧阳先生。欧阳先生十分爽快，写出来的对联现在挂在南开大学的陈省身数学研究所，陈先生泉下有知，应该是高兴的。他很喜欢那副对联，坚持要我动笔，但是我有自知之明，书法太差，出不得台。希望以后有空练习书法，满足先生的遗愿吧。不过现在有了欧阳大师的妙笔，总算有个交代了。

其实元老和我的交往，可以远溯到四十多年前，当时我受华罗庚先生的邀请，第一次访问北京，一切都很新鲜，极为兴奋。

中国科学院数学所招待我的有杨乐、王元和陆启铿等教授。我做了多次演讲，反响良好。元老是学部委员，对于学问，尤其是数论，极有见地。华罗庚教授带领的研究团队，其研究成果以解析数论最为杰出。元老是其中的首席弟子，付出极多时间和这个团队成员交流，成绩斐然。其中佼佼者就是陈景润的著名工作。

以后路甬祥院长邀请我在中国科学院成立晨兴数学中心，杨乐是主要的负责人。从一开始，我就特别注重数论的发展。元老一直在帮忙，也让他的朋友和从前的学生来学习和帮忙。其中受到他的影响而学问极为杰出的有张寿武，张寿武以后训练出来的学生也继承元老的心志，继续引进欧美在现代数论的重要成果。中国数学界在解析数论以外的领域，终于发展出现代数论的一大片空间，这些年轻的领导者埋头从事研究，现在回想，不得不佩服元老的胸襟和领导。

元老在研究数论的同时，又发现数值的均匀分布可以用解析数论中三角和的方法来有效处理。他和华先生的合作，得到了高维空间数值积分的重要结果，对于应用科学有极为重要的贡献，可以说是中国一百多年来应用数学最重要的工作之一。即使在今天，众多的中国应用数学家的工作都没有达到他们的水平。

元老为人温纯敦厚，以助人为乐，和他相处，如沐春风。他退休后，勤练书法，我需要的时候，他总会帮忙。三年前，我带领团队去敦煌游览，有感而作了一篇中华赋，篇幅甚长，没有想到元老自告奋勇，花了很长时间完成长篇大楷，字胜于文，感激之至。谨写对联一副，纪念我们中国伟大的数学家，我们忠实的朋友和老师。

于国为老，于业为宗，筹海浪推公展策

成人在温，成名在数，华林木落我伤神

丘成桐　敬挽

2021 年 5 月 14 日

编辑注：本书将元老的书法和丘先生的文字分章前后对照。丘先生后期对文字做了一些完善，因此书法和文字略有出入，书法中也难免有个别笔误，在此一并说明。

目录

一九九七年夏，余舉家遨游河西走廊，是時也，兩兒尚幼，草原嬉戲，駝載馬騎。暮宿於敦煌張掖，看山窟壁畫，臥佛雕刻。戈壁黃沙，海市蜃樓。晨則坐廂車，奔馳於嘉裕蘭州間，登雄關，泛黄河，訪古塔，閲四庫，意何歡暢也。於今兒輩俱已長大有成，猶憶當年，樂何如之！

二十年後，余夫婦舊地重遊，蒙張麗及張福謙等友人慷慨資助，一衆歐美友人，瑞圖夫婦，向洋夫婦，懷東夫婦，李思夫婦，于品夫婦，宗偉夫婦，成棟，李駿，理真，張俊等七十賢俊，結隊成行，登山望遠，憶古思源，一一印證我等書本上之所見所聞，故友言歡，聚首一車之内，意氣偉然，信可樂也。

余等縱游河西走廊之山岩洞窟，

但見壁畫輝煌，佛像林立。敦煌莫高，安西榆林，積石炳靈，天水麥積。千年西域古蹟，始建於前秦後秦，迄於宋元。誠東西文化交流結晶，人類之瓌寶也。

復覽大地遺址，至於秦安龍城，天水成紀。導遊云此七千年前之古蹟也，兩皇女媧伏羲之故地乎？

余少年時喜讀史記、漢書、三國志，廿四史，資治通鑑等古史，故紙書墨，所述所評，宛然在目。激情尚在，能不感懷！

玉門故壘，陽關遠眺，但見落日黃沙，大漠茫茫。祈連雪積，月牙泉澈，漢築長城，蘆葦疊疊，明立雄關，兵屯嘉裕：商旅東西，往迹依然，文物古今，家國傳承。望璀燦丹霞，心蕩神移。見故國旗鼓，能不依依？中心感之，遂作此賦。

一九九七年夏，余举家遨游河西走廊。是时也，两儿尚幼，草原嬉戏，驼载马骑。暮宿于敦煌张掖，看山窟壁画，卧佛雕刻，戈壁黄沙，海市蜃楼。晨则坐厢车，奔驰于嘉峪兰州间，登雄关，泛黄河，访古塔，阅四库，意甚欢畅。如今儿辈俱已长大有成，犹忆当年，乐何如之。

二十年后，余夫妇旧地重游，蒙张丽及张福谦等友人慷慨资助，一众欧美友人、瑞图夫妇、向洋夫妇、怀东夫妇、李思夫妇、于品夫妇、宋伟夫妇、成栋、李骏、理真、张俊等七十贤俊，结队成行，登山望远，忆古思源，一一印证我等书本上之所见所闻，故友言欢，聚首一车之内，意气伟然，信可乐也。

余等纵游河西走廊之山岩洞窟，但见壁画辉煌，佛像林立。敦煌莫高，安西榆林，积石炳灵，天水麦积，千年西域古迹也，始建于前秦后秦，迄于宋元，诚东西文化交流之结晶，人类之瑰宝也。

复览大地遗址，至于秦安陇城，天水成纪。导游云此七千年前之古迹也，两皇女娲伏羲之故地乎。

余少年时喜读《史记》《汉书》《三国志》《资治通鉴》等史籍，故纸书墨，所述所评，宛然在目，激情尚在，能不感怀？

玉门故垒，阳关远眺，但见落日黄沙，大漠茫茫，祁连雪积，月牙泉澈，汉筑长城，芦苇叠叠，明立雄关，兵威烈烈。东西商旅，往迹依然，文物古今，家国承传。心中望璀璨丹霞，心荡神移，见故国旌旗，能不依依。心中感之，遂作此赋。

*繁体中文版载于《数理人文》杂志第18期（2020年7月）。

中华赋

第一章

序

仲夏日之赤熱兮何以解憂？

浩浩乎攜諸生以傲遊。

郁郁乎探百代之榮休。

縱余目以遊觀兮嘆先賢之可任，

覽史冊之所載兮慕古聖之流芳。

出玉門以遠眺兮覓漢唐之遺蹤，
嘆黃沙之無盡兮掩千古之恩讎。
倚陽關之頽垣兮望遠處之高岑。
背祈連之積雪兮臨弱水之支流。
豈日曛千里兮實王化起乎河州。
惟月照古今兮東西之故迹長留。

仲夏日之赤热兮何以解忧？浩浩乎携诸生以遨游，郁郁乎探百代之荣休。纵余目以游观兮叹先贤之可任，览史册之所载兮慕古圣之流芳。出玉门以远眺兮觅汉唐之遗踪，叹黄沙之无尽兮掩千古之恩仇。倚阳关之颓垣兮望远处之高岑，背祁连之积雪兮临弱水之支流。岂日曛千里兮实王化起乎河州，惟月照古今兮东西之故迹长留。

0 2 1

第二章

遠古至先秦

一、史前時代

戈壁遍野兮商旅難籌，
平沙無垠兮田隴誰耕？
馬騰大漠兮駝越沙丘。
枯草難牧兮獸鋌亡群。

大漠茫茫兮骸骨誰收？
長路綿綿兮過客頻仍。
冰封祈連兮水澤沙州。
大地灣開兮文化始由。
畫陶彩繪兮書直藏勾。

二、傳說時代

1. 文化之源

隴西成紀兮華胥履跡。
生男伏羲兮生女女媧。
諸侯跋戾兮天荒地亂。
共工治水兮不敵祝融。
頭觸不周兮世傳天塌。
煉石補天兮作笙制簧。
仰觀天象兮俯察大地。

始畫八卦兮造書代繩。
類物象形兮骨甲篆刻。
結網佃漁兮嫁娶是定。
削桐為琴兮削木為弓。
始著衣裳兮治蔴為布。
神農教種兮姜氏刀耕。
作歷法兮定日月。

製陶器兮火燒烤。
阪泉敗陣兮姬羌合流。
黃帝垂拱兮倉頡造字。
涿鹿鏖戰兮大霧垂地。
作車指南兮蚩尤竄逃。
始蓋宮室兮軒轅望遠。
封禪泰山兮登高寡仇。

成桐注：伏羲女媧、神農軒轅之事，渺不可考。史公周遊天下，問諸父老當年史迹，不敢定其真偽，言不雅馴而已矣。史記記載伏羲女媧，出於泰安成紀、瀧水經泰安而入渭河，殆中原民族之發源地乎？歷代緯書以伏羲為龍身人首，古之圖騰也。

大地灣遺址已有文字畫圖之編形或可佐證。然而河圖洛書八卦之說，多有附會。至於阪泉涿鹿兩次大戰，抑或有之，其可考乎？

2、夏朝

堯舜禪讓兮天水灌地。

勞身焦慮兮帝禹疏導。

降伏三苗兮地安民靜。

雖平九土兮西戎已聚。

刻鑄九鼎兮世襲始建。

夷蠻戎狄兮地在要荒。

凶悍不仁兮掠我邊周。

四夷莫守兮軍旅無極。

不恤民事兮太康失國。
后羿善射兮有窮代夏。
寒浞行媢兮奪妻烹羿。
少康中興兮婿于有虞。
有田一成兮有眾一旅。
以寡敵眾兮重建夏后。
孔甲亂夏兮篤好鬼神。

桀寵妹喜兮内政不修。
瓊室瑶臺兮奴虐百姓。
關龍死諫兮悲憤難收。
時日曷喪兮與君俱亡。
鳴條大戰兮諸侯三千。
商湯滅夏兮朝代更迭。

成桐注：春秋以還，古聖先賢極道堯舜禪讓，帝禹治水，少康中興，商湯繼夏之事。夏遺民於紀，奚及春秋，孔子已有紀不足徵之嘆。清華大學設夏商周工程，欲探其究竟。唯夏代傳說，至今未為信史，良可惜也。要之，堯舜之世，中國未得一統。堯舜禹俱為衆部落之共主，非禪讓不足以服衆。

禹治水有功于百姓，立威而誅殺防風氏，及臯陶氏早死，禹傳位於伯益，而實權歸其子啟。禹死，啟殺伯益及有扈氏，夏后始大。中華三千年傳子之制度從此立矣。

寒浞殺羿，少康中興，夏桀荒淫，鳴條大戰等事，俱不可考。然而鳴條大戰，諸侯竟有三千。可知諸侯俱是小部落，大致不及百人也。有虞氏則為大部落，舜曾為有虞氏之主，少康中興，至於武王克商，有虞氏皆預其事，周封有虞氏於陳，部落社會進步為封建之過程乎。

三、信史時代之商朝

定都於亳兮氐羌來朝、
夏遺民紀兮北祖匈奴。
伊尹為輔兮太甲放桐。
視遠惟明兮聽德惟聰。

三年還政兮百姓以寧。

太戊承德兮九世其亂。

盤庚遷都兮商民定居。

諸侯來朝兮殷道復興。

武丁踵德兮始作卜辭。

婦好領軍兮護我商方。

祭天祀祖兮征服不朝。

甲骨記事今信史可徵。

成桐注：王國維以安陽大墓出土之甲骨文字考證史記所記殷商十三君王名字，商代故事，遂成信史。然而伊尹放太甲於桐，未可盡信。婦好之名，未見於古籍，而其墓出土安陽，歷代能戰女將之首也。殷人尚鬼，國之大事，唯祀與戎。

四、西周代商

涉彼南崗兮公劉遷豳。
太王避狄兮搬居周原，
始設社稷兮季歷繼位。

征服鬼方兮大勝狄戎。

西伯侍紂兮遠囚羑里。

武王奮起兮疆土厥張。

三分天下兮周居其二。

任用羌尚兮遷豐克崇。

商征東夷兮周乘其蔽。

六師並馳兮會於孟津。

左杖黄鉞兮右把白旄。
諸侯用命兮牧野克商。
血流漂杵兮帝辛自焚。
縱馬華山兮放牛桃林，
示不用兵兮行義天下。
周雖舊邦兮其命唯新。
定都鎬京兮周召是命。

分封功臣兮屏藩周室。

興周克殷兮太公封齊。

五侯九伯兮實得征之。

郊祭文王兮封旦於魯。

大啟爾宇兮為周室輔。

召公佐王兮文武成康。

甘棠遺愛兮封燕都薊。

成桐注：文王得太公於渭水之濱，征服四夷，三分天下有其二，其於商紂，以大事小，孔孟稱之。太公佐武王，乘紂王征伐東夷，中原空虛之便，克商牧野。呂尚之功，可謂大矣。太公兵法乃中國歷代兵法之祖，原書早已失傳。春秋末孫武作兵法，殆其流派乎。戰國時鬼谷子亦學太公兵法，孫臏，韓非，李斯，蘇秦，張儀等俱出其門下。可知道家法家亦源於太公。太公封於齊，老子李耳後裔居於齊，至漢景帝吳楚七國之亂而絕後。周公制禮作樂，封於魯。召公安定周室天下，封於燕。此三公者，實為周朝八百年天下之最大功臣。齊魯文化，中華文化之核心也！

五、西周王化

平三監兮滅武庚。
存亡國兮繼絕世。
保民立命兮孝祖敬天。

定國創業兮制禮作樂。
王官采詩兮民風是觀。
頌德祭祀兮大雅周頌。
温柔敦厚兮小雅國風。
成康大治兮東都洛陽。
輔佐王室兮周公吐哺。
授田於民兮明德慎罰。

穆王西伐兮犬戎未平。
昭王南征兮半渡不復。
周室失統兮諸侯專征，
封疆不固兮戎狄乘間。
招誘安撫兮中國錯居。
國民暴亂兮厲王出奔。
政稱共和兮宣王中興。

諸侯不睦兮敗績西戎。

幽王寵姬兮廢后去嫡。

申侯賣國兮犬戎擄掠。

王死驪山兮宜臼東遷。

成桐注：孔子曰：周監于二代，郁郁乎文哉！吾從周。周公制禮作樂，孝

祖敬天，儒家之所本也。祭祖傳宗，
存亡繼絶乃中華文化特色，溯源於夏
商。親親而仁民，仁民而愛物，放諸
四海而皆準。周公孔子，德蓋千秋
矣！詩三百篇，多作於周初。詩篇而
外，後世亦有言文王作易八卦，周公作
周髀算經，俱未可盡信。此二書者，源

遠流長，後人必有增益也。至於周室封建，分封諸侯，籠絡天下，中國得以一統，西周之功，功莫大焉！

六、春秋時代

1、秦晉之好

a、秦

平王荏弱兮鄭庄小霸。

互質公子兮周桓被傷。
力救周室兮秦襄封伯。
大戰犬戎兮賞賜岐豐。
穆用百奚兮蹇叔王佐。
計得由余兮遂霸西戎。
國小志大兮謀并天下。
既平義渠兮復求東進。

成桐注：賈生過秦論謂秦併吞天下之志，始於孝公。其實秦之先世，志已及此，事可溯源于穆公，穆公吞蜀平戎，助重耳返晉，其志則大矣！秦地處西陲，地寡而志大，歷二百餘載，深思熟慮，方成統一大業。

6、晋

周封唐虞兮成王胞弟。

昭侯受封兮晋都翼城。

曲沃桓公兮三世代翼。

晋献征戎兮得姬宠骊。

错立奚齐兮申生自刭。

秦助夷吾兮惠公毁诺。

晋秦修好兮重耳返國。

晋用六卿兮公室漸微。

緊賢有才兮趙魏狐先。

平帶尊周兮晋文始興。

楚成侵宋兮城濮大戰。

退讓三舍兮子玉自裁。

晋文稱霸兮遂盟踐土。

鄭臣說秦兮穆存貳心。
因喪伐鄭兮軍滅于肴。
晉控桃崤兮秦阻關中。
襄靈續霸兮宣子執政。
先郤同盟兮趙盾弑君。
既立成公兮復侵陳鄭。
六卿互爭兮楚庄北征。

會戰于泌兮晉師敗績。
呂相絕秦兮厲公勝仗。
敗楚鄢陵兮宋倡弭兵。
晉霸中原兮百五十載。

成桐注：晉佔中原之地，承周之舊德，實有一統天下之力。然而晉無公族，六卿互爭，終至滅亡。此亦人主之戒也。強本弱枝，疆土難張。強枝弱本，則諸侯霸权。

2、姜齊

太公封齊兮都於營丘。

順民俗簡政兮期年返國。

煮海爲鹽兮開山爲銅。

國以大富兮逐霸中原。
襄公被弑兮二子出逃。
鮑叔佐君兮臨淄即位。
不記舊惡兮夷吾得用。
改制興邦兮齊國大治。
會盟于柯兮還魯侵地。
尊王攘夷兮桓公稱霸。

西征大夏兮深入流沙。

北伐山戎兮赠地燕莊。

擊宋責楚兮苞茅不貢。

召陵合盟兮以德綏衆。

一匡天下兮九合諸侯。

桓德不終兮夷吾先逝。

未納忠言兮任用奸佞。

五子爭位兮身死不葬。

成桐注：齊桓公重用管仲，一匡天下，九合諸侯。尊王攘夷，為春秋五霸之首。孔子稱之曰：微管仲，吾其披髮左衽矣。然而桓公未納管夷吾臨終前諫言，任用奸佞小人，五子爭位，身死而蛆出於宮，悲夫！

3. 荊楚

荊楚在南兮高陽苗裔。
祝融之後兮遷徙丹陽。
尊三天兮辨四極。
信巫鬼兮重淫祀。
托物起興兮辭頌天地。
鳳鳥飛騰兮繼以日夜。

周王南征兮中渡沈舟。

穆王西伐兮徐偃叛亂。

楚人援周兮根基始大。

立足江漢兮稱號蠻夷。

周封諸姬兮以控荊漢。

遷都於郢兮成王大治。

齊桓伐楚兮召陵稱盟。

庄王承統兮自静三年。

任用叔敖兮一飛沖天。

賢士濟濟兮伍舉蘇從。

伐陸渾戎兮飲馬黄河。

觀兵周疆兮楚子問鼎。

聯秦制晋兮會泌大戰。

滅陳復陳兮四方朝楚。

圜宋九月兮華元為質。
崛起南方兮楚其霸矣。

成桐注：西周昭王南征不復。管夷吾以此罪荆楚。事已難考。然而荊楚之興，始於周平王東遷。楚人自稱蠻夷，誅滅漢陽諸姬。庄王大霸天下，竟問鼎周室！徵諸楚辭，楚豐饒之地也，雲夢水澤，山川形勝。江漢之間，百姓富饒，而又驍勇善戰，自古將帥，多出於楚。楚辭騷體，源自屈原。滄涼悲惻，纏綿有致，其文體異於北方之詩歌。為南方文學之祖。項羽劉邦誦歌，均好楚聲，未知楚聲何如也。

十、吴越

泰伯東奔兮吴越附楚。

晉爭楚霸兮巫臣聯吴。

教戰騎射兮壽夢奮起。

季札避位兮北觀周樂。

心誠使晉兮徐州掛劍。

西侵荊楚兮闔閭稱霸。

政由子胥兮軍由孫武。
柏舉之戰兮長驅入郢。
鞭平王墓兮包胥哭秦。
秦師救楚兮昭王得歸。
闔閭征越兮傷趾而逝。
夫差復仇兮大敗勾踐。
吳盟齊晉兮北會黃池。

忍辱負重兮越王侍吳。
用大夫種兮范蠡為謀。
十年教訓兮十年生聚。
亡吳姑蘇兮夫差自刎。
越霸東南兮陶朱去國。
飛鳥盡兮良弓藏。
狡兔死兮走狗烹。

越誅良臣兮圖霸天下。
北向擊齊兮卒亡於楚。

成桐注：春秋之際，吳越始興，根基未定，即伐楚盟齊，與中原爭霸！宜乎早滅于楚也。

5、魯國

周公封奄兮伯禽治國。
封周禮樂兮郊祭文王。
北至泰山兮南達徐淮。
東至海疆兮西抵定陶。
為周強籓兮定都曲阜。
魯桓弒君兮遂謀侵杞。

殺妻求將兮吳起敗齊。

政在三桓兮叔孫季孟。

公室失权兮魯亡於楚。

周禮在魯兮千載德流。

丘明左史兮春秋國語。

為百世師兮孔丘下惠。

問道老子兮儒道傳世。

成桐注：周公封於魯，五百年後而聖人出。至今齊魯士樸而民風淳厚，信乎聖人之教，千載之功也。

七、戰國時代

1、三家分晉

晉無公族兮六卿分权。

滅范中行兮智趙韓魏。

智伯索地兮趙襄不辱。

水淹晉陽兮韓魏倒戈。

三家分晉兮晉留絳曲。

a、魏

文侯尊師兮子夏田方。

樂羊為將兮李悝變法。

吴起攻秦兮得地河西。
既滅中山兮掠齊敗楚。
惠王失賢兮商鞅侍秦。
孫臏將齊兮敗魏馬陵。
信陵合從兮含屈而終。
水灌大梁兮王賁滅魏。

b、韓

韓厥始興兮哀侯滅鄭。

昭侯變法兮任用不害。

内修政教兮外應諸侯。

韓興十載兮終逼於秦。

賢臣侍秦兮韓非鄭國。

困而降秦兮地置穎川。

C、趙

叔帶入晉兮衰侍文公。
趙雍整軍兮胡服騎射。
圖霸天下兮遥窺秦宫。
大破林胡兮擊滅中山。
兄弟分國兮主父餓斃。
秦敗荊楚兮燕趙侵齊。

相如為相兮廉頗為將。
惠文用奢兮破秦閼與。
既霸關東兮取韓上黨。
王齕攻趙兮廉頗堅壁。
拒聽虞卿兮媾和於秦。
范雎反間兮趙括為將。
長平大戰兮白起代齕。

擊殺趙卒兮四十萬眾。

齊魏救趙兮頗守邯鄲。

李牧定邊兮破燕攻秦。

反間誅將兮王翦滅趙。

成桐注：三家分晉後，韓趙魏未能攻守同盟，終失天下。魏文侯尊文尚武，變法圖強，惜乎惠王見孟子而只問利，不任賢能，信陵君鬱鬱而終，魏遂亡於秦。韓昭侯雖任用申不害，變法未成。而後韓非事秦，鄭國治水於秦，韓才秦用，宜乎韓之敗于秦也。三家諸侯，以趙武靈王為最盛，胡服騎射，幾霸天下，惜乎傳位不當，餓死沙丘。長平之戰趙失其銳。李牧守邊，大破林胡，益地千里，秦用反間，趙誅李牧，趙其亡矣！

2、燕

燕噲禪位兮子平不服。
齊攻燕地兮殺王子之。
昭王繼位兮任用郭隗，
築黃金臺兮招賢納士。

弔死問孤兮與民共苦。
樂毅為卿兮鄒衍為輔。
厲精圖治兮報仇破齊。
秦開為將兮御胡千里。
惠王即位兮樂毅奔趙。
秦吞邯鄲兮王賁滅燕。

成桐注：商末，箕子出走燕地，至於
朝鮮。燕趙多勇士，樂毅下齊七十城，
幾滅血食八百年之齊。及其見疑于
惠王，去燕事趙，報燕惠王書曰：忠臣
去國，不潔其名。念之使人悽愴，樂君
志潔行廉，後世忠臣去國之典範也。

3、荊楚

勾踐讓淮兮惠王滅杞。

拓土泗水兮江淮之北。

悼王圖治兮吳起變法。

未成而逝兮大將伏屍。

威王滅越兮南有巴渝。

張儀詐楚兮懷王見欺。

讒言誤主兮屈原放逐。
懷王拒諫兮客死咸陽。
抑鬱吟誦兮離騷傳世。
春申為尹兮救趙滅魯。
蘭陵聚賢兮孟子荀卿。
考性善惡兮著書立言。
蘇張儀陳兮荀子作賦。

宋玉坎坷兮九辯悲秋。

始作對問兮高唐神女。

春申避秦兮遷都壽春。

李園弑君兮項燕為將。

雖敗李信兮王翦滅楚。

成桐注：戰國之世，秦欲吞併天下，

遂有蘇秦張儀之徒，合從連橫，秦實為主導。齊楚趙則為六國之首領。楚威王奮起，用孫臏，霸諸侯。惜乎懷王荏弱，楚齊未能同心，終為秦所滅。然而楚之蘭陵、齊之稷下，天下聚賢之地也，處士橫議，百家爭鳴。當是時也，中華文化，不遜於希臘之雅典文明。

4、田齊

欺君惠己兮田氏篡齊。
威王奮起兮一鳴驚人。
任賢選能兮即墨大夫。
鄒忌為相兮孫臏為將。
宣王攻燕兮聯楚攻秦。
稷下招賢兮處士橫議。

百家爭鳴兮孟軻述仁。

荀卿仲連兮接子宋鈃。

始述黃老兮慎到環淵。

遠交近攻兮秦賂齊臣。

合縱漸成兮齊遠五國。

湣王滅宋兮南侵荊楚。

西侵三晉兮圖吞二周。

樂毅為將兮燕昭攻齊。
下城七十兮齊失其銳。
田單復齊兮王建降秦。

成桐注：陳完子自陳入齊，改姓田。為齊工正，大斗出而小斗入，以公权私，竟得民心！八世孫田和遂篡姜齊。田氏得國以姦，然而威王用人唯才，稷下賢士，與楚之蘭陵相輝映。惜乎愍王未知量力，齊楚未盟，而窮兵黷武，大敗於燕。爾後王建自保，坐而待斃，齊其亡矣！

5、先秦

a、孝公

孝公求賢兮尊官裂土。

商君入秦兮携魏法經。

王道迂闊兮公謀霸業。

變法以治兮更禮以教。

改戶籍兮行連坐。

明軍法兮勵軍功。
重農桑兮抑商賈。
開阡陌兮廢井田。
制轅田兮行縣制。
燔詩書兮一度量。
塞私門請兮遂公家勞。
立竿賞金兮重法劓虔。

反齊合從兮南破強楚。詐公子卯兮商君破魏。收河西地兮復秦舊業。志捲宇內兮孝公早逝。

成桐注：秦孝公有吞併宇内、席捲天下之心，商君説之以王道而不受，遂用李悝法經，輔之以連坐，賞罰分明，民勇於公而怯於私。秦國富強，迥異於前矣！商鞅變法，前無古人，後無來者，功至於始皇帝之一統天下。然而商君謀詐公子卯，刻薄寡恩，雖復秦舊業，罪及秦之客卿及惠文公。孝公死，商君亡魏而不得入。卒至五馬裂屍，為天下變法寡恩者戒！善始者未必善終，其始之謂乎？

6、惠文帝

惠文稱王兮重用客卿。
宗室多怨兮車裂商君。
用公孫衍兮司馬為將。
攻魏欺楚兮西取巴蜀。

陷楚丹陽兮得地漢中。

攻破合縱兮張儀連橫。

C、昭襄王

武王呈力兮扛鼎而逝。

昭襄承位兮母族當權。

誘滅義渠兮宣后獻身。

魏冉為相兮連橫齊魏。

威振諸侯兮白起為將。
料敵合變兮出奇無窮。
攻殺無數兮伊闕長平。
天下難敵兮賜劍杜郵。
應侯說王兮遠交近攻。
太后憂死兮穰侯放陶。
d、莊襄王與呂不韋

子楚質趙兮昭王嫡孫。

奇貨可居兮呂氏籌謀。

秦圍邯鄲兮王子返國。

莊襄繼位兮不韋為相。

游士立說兮合作春秋。

懸書咸陽兮一字千金。

蒙鷔為將兮得地趙魏。

信陵合從兮秦退函谷。

成桐注：商君變法後，國富民悍，秦王西取巴蜀漢中，毋后用計，併吞義渠。縱觀秦之大成，實始於重用客卿之國策也，及白起坑滅趙卒四十萬，三晉從此不振，秦亦受損，延至始皇帝，方成統一大業。

己、秦王

幼年繼位兮仲父為相。

不韋淫后兮嫪毐為亂。

去韋誅嫪兮弱冠垂拱。

任命李斯兮賜死非子

荀學法術兮刑名治世。

重任客卿兮兵強將勇。

内史王翦兮蒙武王賁。
鄭國渠成兮千里沃野。
利誘處士兮連横離間。
法紀嚴明兮十年征戰。
攻滅海内兮遷虜咸陽。

成桐注：秦王幼年即位，弱冠而逐

不韋，奪母后权，垂拱專政。大用客卿，承四世之餘威，誅滅諸侯。開中國二千年大一統之局面，立法垂典，一文字，修長城，築馳道，大哉嬴政，大哉秦漢！

八、中國大一統

1、秦始皇帝

攘胡走越令始皇一統。

立郡縣制兮廷尉李斯。
創篆立規兮道傳千載。
尊始皇帝兮焚書坑儒。
勒石記功兮泰山瑯琊。
小篆頌德兮虯龍飛舞。
恬築長城兮民以安寧。
西起臨洮兮竟海為關。

修建直道兮逶迤遠行。
北起九原兮南至雲陽。
大將守邊兮孰敢向南？
修宮殿兮築馳道。
定道量兮立法則。
鑄金人兮焚圖書。
一文字兮定四海。

巡視四方兮暴斃沙丘。

趙高盜國兮李斯佐惡。

扶蘇自刎兮胡亥篡位。

記仇報恨兮蒙氏喪命。

指鹿為馬兮李氏族夷。

功比周召兮過實亡秦。

華亭鶴淚兮憶犬上蔡。

郡縣初立兮諸侯叛秦。
軍事中虛兮兵戍南北。
築墓建宮兮民力殆盡。
戍卒三百兮陳勝起義。
大起囚徒兮秦守咸陽。
兵敗項劉兮子嬰出降。

成桐注：始皇一統天下，中華民族之大事，夫立法紀，一文字，修長城，築馳道，定道量，與生民有利，德澤千古之事也。而歷代史家垢病始皇。蓋未知匈奴之強悍，百越之難平，而中國一統之匪易也。至於築宮室，建墳墓，民力歇矣。雖始於始皇，二世實主其事。由此觀之，傳承之事，可以興邦，可以喪國。趙高一宦者耳，僞造始皇遺詔，賜劍扶蘇蒙恬，又矇騙二世，指鹿爲馬！李斯爲秦首相，竟與之合污，腰斬咸陽，不亦宜夫！當始皇之際，李斯之功，可比周召，及其繾戀權力，與趙高同謀矯詔，此所謂一失足成千古恨者也！

2、楚漢相爭

大澤起義兮陳涉吳廣。

揭竿為旗兮鴻鵠為志。

疲卒叛秦兮眾才數百。

張楚忘危兮諸侯蜂起。

秦殺義士兮楚起隴畝。

項梁首領兮羽為其輔

范增謀策兮奉立義帝。
秦擊定陶兮章邯敗楚。
項羽救趙兮阻擊宋義。
破釜沈舟兮大戰鉅鹿。
諸侯膝行兮秦將降楚。
劉邦起沛兮劍斬白蛇。
蕭何曹參兮周勃樊噲。

争戰十年兮立漢基業。
博望椎皇兮張良輔漢。
高祖謀國兮隱志投楚。
先羽入關兮約法三章。
灞上抗楚兮鴻門赴宴。
項莊舞劍兮志在沛公。
羽封王侯兮分列天下。

劉邦入蜀兮子房歸韓。
燒絶棧道兮示楚無憂。
將士流失兮蕭何追信。
登壇邦將兮遂擊三秦。
明修棧道兮暗渡陳倉。
羽殺韓王兮張良復歸。
楚擊田齊兮漢襲其後。

羽返彭城兮軍才三萬。
潰敗漢兵兮劉邦亡命。
蕭何助守兮良平離間。
楚失范增兮漢得彭越。
信用奇計兮平趙燕齊。
邛溝為界兮漢王悔盟。
兵圍垓下兮四面楚歌。

恥渡烏江兮霸王自刎。

成桐注：秦失其政，諸侯逐鹿，項氏叔侄，承楚國之餘蔭，起壠畝之中，立懷王而令諸侯。羽以八千子弟渡江，破釜沈舟，大破秦軍，諸侯膝行，不敢仰視。楚雖三户，亡秦必楚，其此之謂乎！

當此之時，羽不行仁義於百姓，自誇功
伐，釋沛公，封諸侯，疑范增，放韓信。
逐義帝而自立，號稱西楚霸王。羽欲得
天下，實乎難矣。然而羽力能扛鼎，善
戰，將三萬騎大破劉邦六十萬大軍於
彭城，漢王喪胆，棄妻棰子，自古以來，
未嘗有也。

漢王起沛縣，蕭何，曹參，樊噲，周勃等皆隨沛公起事，不離不棄，楚漢相爭，漢王屢敗屢戰，以關中兵源糧饟，不絶於路，蕭何之力也。是故漢初大封功臣，蕭相國名列第一！高祖起張良，韓信，陳平，彭越於楚營，知人善任，俱立大功！張良謂漢王天授，韓信則稱高

祖善將將。蕭規曹隨，漢家四百年天
下，垂典中國，豈偶然哉。

史前時代

戈壁遍野兮商旅难筹，平沙无垠兮田陇谁耕？马腾大漠兮驼越沙丘。枯草难牧兮兽铤亡群，大漠茫茫兮骸骨谁收？长路绵绵兮过客频仍。冰封祁连兮水泽沙州，大地湾开兮文化始由，画陶彩绘兮书直藏勾。

傳説時代

〔文化之源〕

华胥履迹兮陇西成纪，生女女娲兮生男伏羲，天荒地乱兮诸侯无忌。共工治水兮不敌祝融，头触不周兮天塌民怨。炼石补天兮作笙制簧，仰观天象兮俯察大地。始画八卦兮造书代绳，骨甲篆刻兮类物象形。治麻为布兮始着衣裳，结网佃渔兮嫁娶是定。制陶器兮火烧烤，作历法兮定日月。阪泉败阵兮姬羌合流，仓颉造字兮黄帝垂拱。涿鹿鏖战兮大地雾垂，作车指南兮蚩尤窜逃。始筑宫室兮轩辕望远，封禅泰山兮登高寡仇。

成桐按：伏羲女娲，神农轩辕之事，渺不可考。太史公周游天下，问诸父老当年史迹，不敢定其真伪，言不雅驯而已。史记记载伏羲女娲，出于秦安成纪，陇水经秦安而入渭河，殆中原民族之发源地乎？历代纬书以伏羲为龙身人首，古之图腾也。大地湾遗址已有文字画图之雏形，或可佐证。然而河图洛书八卦之说，多有附会。至于阪泉、涿鹿两次大战，抑或有之，其可考乎？

〔夏朝〕

尧舜禅让兮天水灌地，努身焦虑兮帝禹疏导。降伏三苗兮地安民静，虽平九土兮西戎已聚。刻铸九鼎兮世袭始建，夷蛮戎狄兮地在要荒。凶悍不仁兮掠我边周，四夷莫守兮军旅无极。不恤民事兮太康失守，后羿善射兮有穷代夏。寒浞行媚兮夺妻烹羿，少康中兴兮婿于有虞。有田一成兮有众一旅，以寡敌众兮重建夏后。笃好鬼神兮孔甲乱国，桀宠妹喜兮内政不修，奴虐百姓兮琼室瑶台。关龙死谏兮悲愤难收，时日曷丧兮与君俱亡。鸣条大战兮诸侯三千，商汤灭夏兮朝代更迭。

按：春秋以还，古圣先贤极道尧舜禅让、帝禹治水、少康中兴、商汤继夏之事。夏遗民于杞，及至春秋，孔子已有『杞不足征』之叹。清华大学设夏商周断代工程，欲探其究竟，唯夏代传说，至今未为信史，诚可惜也。

要之，尧舜之世，中国未得一统。尧舜禹俱为众部落之共主，非禅让不足以服众。

禹治水有功于百姓，立威而诛杀防风氏，及皋陶氏早逝，禹传位于伯益，而实权归其子启。禹死，启杀伯益及有扈氏，夏后始大。中华三千年世袭制度从此立矣。

寒浞杀羿、少康中兴、夏桀荒淫、鸣条大战等事，俱不可考。然而鸣条大战，诸侯竟有三千。可知诸侯俱为小部落，大致不及百人也。有虞氏则为大部落，舜曾为有虞氏之主，少康中兴，至于武王克商，有虞氏皆预其事，周封有虞氏于陈，部落社会进步为封建之过程乎。

信史時代之商朝

夏遗民杞兮北祖匈奴，定都于亳兮氏羌来朝。伊尹为辅兮太甲放桐，三年还政兮百姓以宁。视远惟明兮听德惟聪，太戊承德兮九世其乱。盘庚迁都兮政唯祀戎，诸侯来朝兮殷道复兴。武丁踵德兮始作卜辞，妇好领军兮护我商方。祭天祀祖兮征服不朝，甲骨记事兮信史可征。

按：王国维以安阳出土之甲骨文字考证史记殷商十二王世系，商代故事遂成信史。然而伊尹放太甲于桐，未可尽信。妇好之名，未见于古籍，而其墓出土安阳，历代能战女将之首也。殷人尚鬼，国之大事，唯祀与戎。

西周代商

陟彼南岗兮公刘迁豳，太王避狄兮搬居周原。始设社稷兮季历继位，征服鬼方兮大胜狄戎。西伯侍纣兮远囚羑里，武王奋起兮疆土厥张。三分天下兮周居其二，任用姜尚兮迁丰克崇。商征东夷兮周承其敝，六师并驰兮会于孟津。左杖黄钺兮右把白旄，诸侯用命兮牧野克商。血流漂杵兮帝辛自焚，纵马华山兮放牛桃林。示不用兵兮行义天下，周虽旧邦兮其命维新。

定都镐京兮周召是命，分封功臣兮屏藩周室。兴周克殷兮太公封齐，五侯九伯兮实得征之。郊祭文王兮封旦于鲁，大启尔宇兮为周室辅。召公佐王兮文武成康，甘棠遗爱兮封燕都蓟。

按：文王得太公于渭水之滨，征服四夷，三分天下有其二，其于商纣，以大事小，孔孟称之。太公佐武王，乘纣王征伐东夷中原空虚之便，克商于牧野。太公在齐，简礼从俗，法立令行。管仲继之，法教并重，君臣上下贵贱俱得从法。百年后，郑国子产铸刑法于鼎器。战国诸侯变法者众，魏国有李悝，赵国有慎到，韩国有申不害，秦国有商鞅，韩公子非则总其成，从此中国历代政治以法为骨矣。

史记·齐太公世家曰：『故后世之言兵及周之阴权皆宗太公为本谋。』太公兵法乃中国历代兵法之祖，原书早已失传。春秋末孙武作兵法，殆其流派乎。战国时鬼谷子亦学太公兵法，孙膑、苏秦、张仪等俱出其门下，而道家思想源于兵法，可知道法二家思想皆源于太公也。

太公封于齐；周公制礼作乐，封于鲁；召公安定周室天下，封于燕。此三公者，周朝八百年历史之最大功臣也。齐鲁文化，中华文化之核心乎。

西周文化

平三监兮火武庚，存亡国兮继绝世。保民立命兮孝祖敬天，定国创业兮制礼作乐。王官采诗兮民风是观，崇德祭祀兮大雅周颂，温柔敦厚兮小雅国风。成康大治兮东都洛阳，辅佐王室兮周公吐哺。授田于民兮明德慎罚，穆王西伐兮犬戎未平，昭王南征兮船渡不返。周室失统兮诸侯专征，封疆不固兮戎狄乘间。招诱安抚兮中国错居，国民暴乱兮厉王出奔。政称共和兮宣王中兴，诸侯不睦兮西戎败绩。三川皆竭兮岐山崩裂，幽王宠姬兮废后去嫡。申侯卖国兮犬戎掳掠，王死骊山兮宜臼东迁。

按：孔子曰：『周监于二代，郁郁乎文哉！吾从周。』周公制礼作乐，孝祖敬天，儒家之所本也。祭祀传宗，存亡继绝乃中华文化特色，溯源于夏商。亲亲而仁民，仁民而爱物，放诸四海而皆准。周公孔子，德被千秋矣！诗三百篇，多作于周初。诗篇外，后世亦有言文王作易八卦、周公作《周髀算经》者，俱未可尽信。二书源远流长，后人必有所增益也。至于周室封建，分封诸侯，笼络天下，中国得以一统，功莫大焉！

春秋時代

〔秦晋之好〕

秦

平王荏弱兮郑庄小霸，互质公子兮周桓被伤。力救周室兮秦襄封伯，大战犬戎兮赏赐岐丰。用百里奚兮蹇叔王佐，计得由余兮遂霸西戎。国小志大兮谋并天下，既平义渠兮复求东进。

按：贾谊《过秦论》谓秦并吞天下之志，始于孝公。其实秦之先世，志已及此。事可溯源于穆公，穆公吞蜀平戎，助重耳返晋，是时也，秦地处西陲，地寡而志大，深思熟虑，历数百载，终成中国统一大业。

晋

成王胞弟兮周封唐虞，昭侯继位兮晋都翼城。曲沃桓叔兮三世伐翼，献公征戎兮骊姬得宠。错立奚齐兮申生自到，秦助夷吾兮惠公毁诺。晋修秦好兮重耳返国，聚贤有才兮赵魏狐先，平王子带兮晋文始兴。楚成侵宋兮城濮大战，退让三舍兮子玉自裁。

文公称霸兮遂盟践土，郑臣说秦兮穆存二心。因丧伐郑兮军灭于殽，晋控桃崤兮秦阻关中。襄灵续霸兮宣子执政，先却同盟兮赵盾弑君。晋立成公兮楚侵陈郑，车驰卒奔兮楚庄北征。会战于邲兮晋师败绩，吕相绝秦兮厉公胜仗。败楚鄢陵兮宋倡弭兵，晋霸中原兮百五十载。

按：晋占中原之地，承周之旧德，实有一统天下之力。然而内无公族，六卿互争，终至灭亡，此亦人主之戒也。强本弱枝，疆土难张；强枝弱本，则诸侯霸权。

〔姜齐〕

太公封齐兮都于营丘，顺民简政兮期年返国。开山为铜兮煮海为盐，国以大富兮逐霸中原。襄公被弑兮二子出逃，鲍叔佐君兮临淄即位。不记旧恶兮夷吾得用，改制兴邦兮齐国大治。会盟于柯兮还鲁侵地，尊王攘夷兮桓公称霸。深入流沙兮西征大夏，北伐山戎兮赠地燕庄。由宋责楚兮苞茅不贡，一匡天下兮九合诸侯。召陵合盟兮以德绥众，桓德不终兮夷吾先逝。未纳忠言兮任用奸佞，五子争位兮身死不葬。

按：齐桓公重用管仲，九合诸侯，一匡天下，尊王攘夷，为春秋五霸之首。孔子称之，曰：『微管仲，吾其披发左衽矣。』然而桓公未纳管仲临终前谏言，任用奸佞小人，致五子争位，身死而蛆出于户，悲夫！

〔荆楚〕

荆楚在南兮高阳苗裔，祝融之后兮迁徙丹阳。尊三天兮辨四极，信巫鬼兮重淫祀。托物起兴兮辞颂天地，凤鸟飞腾兮继以日夜。周王南征兮中渡沉舟，穆王西伐兮徐偃叛乱。楚人援周兮根基始壮，立足江汉兮称号蛮夷。周封诸姬兮以控荆汉，迁都于郢兮成王大治。齐桓伐楚兮称盟召陵，庄王承统兮三年自静。任用孙叔兮一鸣惊人，伍举苏从兮贤士济济。饮马黄河兮伐陆浑戎，观兵周疆兮楚子问鼎。会邲大战兮联秦制晋，灭陈复陈兮四方朝楚。围宋九月兮华元为质，崛起天南兮楚其霸矣！

按：周昭王南征不返，管仲以此罪荆楚，事已难考。然而荆楚之兴，始于平王东迁。楚人自称蛮夷，诛灭汉阳诸姬。庄王称霸天下，竟问鼎周室！征诸《楚辞》，楚丰饶之地也，云梦大泽，山川形胜，江汉之间，百姓富饶，而又骁勇善战，自古将帅，多出于其间。《楚辞》骚体，源自屈原。苍凉悲恻，缠绵有致，其文体异于北方之诗歌，为南方文学之祖。项羽、刘邦歌咏，均作楚声，未知楚声何如也。

〔吴越〕

泰伯东奔兮吴越附楚，巫臣联吴兮晋争楚霸。教战射御兮寿梦奋起，季札避位兮北观周乐。心诚使晋兮徐州挂剑，西侵荆楚兮阖闾称雄。政由子胥兮军由孙武，柏举之战兮长驱入郢。鞭平王墓兮包胥哭秦，秦师救楚兮昭王得归。阖闾征越兮伤趾而逝，夫差复仇兮大败勾践。吴盟齐晋兮北会黄池，越王侍吴兮忍辱负重。用大夫种兮范蠡为谋，十年教训兮十年生聚。亡吴姑苏兮夫差自刎，越霸东南兮陶朱远遁。飞鸟尽兮良弓藏，狡兔死兮走狗烹。越诛良臣兮图霸天下，北向击齐兮卒亡于楚。

按：春秋之际，吴越始兴，根基未定，即伐楚盟齐，与中原争霸！宜乎早灭于楚也。

〔鲁国〕

周公封鲁兮伯禽治国，奉周礼乐兮郊祭文王。北至泰山兮南达徐淮，东至海疆兮西抵定陶，为周强藩兮定都曲阜。鲁桓弑君兮遂谋侵杞，杀妻求将兮吴起败齐。政在三桓兮叔孙季孟，公室失权兮鲁亡于楚。周礼在鲁兮千载德流，丘明左史兮《春秋》《国语》。为百世师兮仲尼孟子，问道老子兮儒道传世。

按：周公封于鲁，五百年后而圣人出。至今齐鲁士朴而民风淳厚，信乎圣人之教，千载之功也。

戰國時代

〔三家分晋〕

晋无公族兮六卿分权，灭范中行兮智赵韩魏，智伯索地兮赵襄不辱。水淹晋阳兮韩魏倒戈，三家分晋兮晋留绛曲。

魏

文侯尊师兮子夏田段，乐羊为将兮李悝变法。吴起攻秦兮得地河西，既灭中山兮掠齐败楚。惠王失贤兮商鞅侍秦，孙膑将齐兮败魏马陵。信陵合纵兮含屈而终，水灌大梁兮王贲灭魏。

韩

韩厥始兴兮哀侯灭郑，昭侯变法兮任用不害。内修政教兮外应诸侯，韩兴十载兮终逼于秦。贤臣侍秦兮韩非郑国，困而降秦兮地置颍川。

赵

叔带入晋兮衰侍文公，赵雍整军兮胡服骑射。图霸天下兮径窥秦宫，大破林胡兮击灭中山。兄弟分国兮主父饿死，秦败荆楚兮燕赵侵齐。相如为相兮廉颇为将，惠文用奢兮破秦阏与。既霸关东兮取韩上党，王龁攻赵兮廉颇坚壁。拒听虞卿兮媾和于秦，范雎反间兮赵括为将。长平大战兮白起代龁，坑杀赵卒兮四十万众。齐魏救赵兮颇守邯郸，李牧定边兮破燕攻秦，反间诛将兮王翦灭赵。

按：三家分晋后，韩赵魏未能攻守同盟，终失天下。魏文侯尊文尚武，变法图强，惜乎惠王见孟子而只问利，不任贤能，信陵君郁郁而终，魏遂亡于秦。韩昭侯任用申不害，惟变法未成。而后韩非事秦，郑国治水，韩才秦用，宜乎韩之败于秦也。三家诸侯，以赵武灵王为最盛，胡服骑射，几霸天下，惜乎传位不慎，饿死沙丘。长平之战，赵失其锐。李牧守边，大破林胡，益地千里。秦用反间，赵诛李牧，自招灭亡，信可叹也。

〔燕〕

燕哙禅位兮子平不服，齐攻燕地兮杀王子之。昭王继位兮任用郭隗，筑黄金台兮招贤纳士。吊死问孤兮与民共苦，乐毅为卿兮邹衍为辅。励精图治兮报仇破齐，秦开为将兮却胡千里。惠王即位兮乐毅奔赵，秦吞邯郸兮王贲灭燕。

按：商末，箕子出走燕地，至于朝鲜。燕赵多勇士，乐毅下齐七十城，几灭血食八百年之齐。及其见疑于惠王，去燕事赵，报燕王书云：『忠臣去国，不洁其名。』思之使人凄怆。乐君志洁行廉，后世忠臣去国之典范也。

〔荆楚〕

勾践让淮兮惠王灭杞，拓土泗水兮江淮之北。悼王图治兮吴起变法，未成而逝兮大将伏尸。威王灭越兮南有巴渝，张仪诈楚兮怀王见欺。谗言误主兮屈原放逐，君王拒谏兮客死咸阳，抑郁吟诵兮离骚传世。春申为尹兮救赵灭鲁，兰陵聚贤兮孟子荀卿，考性善恶兮著书立言。苏张侈陈兮荀子作赋，宋玉坎坷兮九辩悲秋，始作对问兮高唐神女。春申避秦兮迁都寿春，李园弑主兮项燕为将，虽败李信兮王翦灭楚。

按：战国之世，秦欲吞并天下，遂有苏秦、张仪之徒，合纵连横。秦实为主导，齐楚赵则为六国之首领。楚威王奋起，用孙膑，霸诸侯。惜乎怀王荏弱，虽有屈原、春申之贤，楚齐未能同心，终为秦所灭。然而楚之兰陵，齐之稷下，天下聚贤之地也，处士横议，百家争鸣。当是时也，中华文化不逊于雅典文明。

〔田齐〕

欺君惠己兮田氏篡齐，威王奋起兮一飞冲天。任贤选能兮即墨大夫，邹忌为相兮孙膑为将。宣王攻燕兮联楚攻秦，稷下招贤兮处士横议。百家争鸣兮孟轲取义，荀卿仲连兮接子宋钘，始述黄老兮慎到环渊。远交近攻兮秦略齐臣，合纵渐成兮齐远五国。湣王灭宋兮南侵荆楚，西侵三晋兮图吞二周，乐毅为将兮燕昭攻齐。下城七十兮齐失其锐，田单复齐兮王建降秦。

按：陈完子自陈入齐，改姓田。为齐工正，大斗出而小斗入，以公谋私，竟得民心。八世孙田和遂篡姜齐。田氏得国以奸，然而威王用人唯才，稷下贤士，与楚之兰陵相辉映。惜乎湣王未知量力，齐楚未盟，而穷兵黩武，大败于燕。尔后王建自保，坐而待毙，齐其亡矣。

〔先秦〕

孝公

孝公求贤兮尊官裂土，卫鞅入秦兮携魏法经。王道迂阔兮公谋霸业，变法以治兮更礼以教。改户籍兮行连坐，明军法兮励军功。重农桑兮抑商贾，开阡陌兮废井田。制辕田兮行县制，燔诗书兮一度量。塞私门请兮遂公家劳，立杆赏金兮重法劓虔。反齐合纵兮南破强楚，诈公子卬兮商君破魏。收河西地兮复秦旧业，志卷宇内兮孝公早逝。

按：秦孝公有并吞宇内，席卷天下之心，商君说之以王道而不受，遂用李悝法经，辅之以连坐，赏罚分明，民勇于公而怯于私。秦国富强，迥异于前矣！商鞅变法，前无古人，后无来者，功至于始皇帝之一统天下。然而商君谋诈公子卬，刻薄寡恩，虽复秦旧业，罪及秦之客卿及惠文公。孝公死，商君亡魏而不得入，卒至五马裂尸，为天下变法寡恩者戒！善始者未必善终，其此之谓乎？

惠文王

惠文称王兮重用客卿，宗室多怨兮车裂商君。用公孙衍兮司马为将，攻魏欺楚兮西取巴蜀。陷楚丹阳兮得地汉中，攻破合纵兮张仪连横。

昭襄王

武王呈力兮扛鼎绝膑，昭襄承位兮母族当权，诱灭义渠兮宣后献身。魏冉为相兮连横齐魏，威振诸侯兮白起为将，料敌合变兮出奇无穷。攻杀无数兮伊阙长平，天下难敌兮赐剑杜邮。应侯说王兮远交近攻，太后忧死兮穰侯放陶。

庄襄王与吕不韦

子楚质赵兮昭王嫡孙，奇货可居兮吕氏筹谋。秦围邯郸兮王子返国，庄襄继位兮不韦为相。游士立说兮合作春秋，悬书咸阳兮一字千金。蒙骜为将兮得地赵魏，信陵合纵兮秦退函谷。

按：商君变法后，国富民悍。秦王西取巴蜀汉中，母后用计，并吞义渠。纵观秦之大成，实始于重用客卿之国策也，及白起坑赵卒四十万，三晋从此不振，秦亦受损，延至始皇帝，方成统一大业。

秦王

幼年继位兮仲父为相，不韦淫后兮嫪毐为乱。弱冠垂拱兮去韦诛嫪，任命李斯兮赐死韩非。刑名治世兮术学荀子，重任客卿兮兵强将勇，内史王翦兮蒙武王贲。郑国渠成兮千里沃野，利诱处士兮连横离间。法纪严明兮十年征战，攻灭海内兮迁虏咸阳。

按：秦王幼年即位，弱冠即逐吕不韦，夺母后权，垂拱专政，大用客卿，承六世之余威，诛灭诸侯，开中国二千年大一统之局面。立法垂典，一文字，修长城，筑驰道，大哉嬴政，大哉秦汉！

中国大一统

〔秦始皇帝〕

攘胡走越兮始皇一统，立郡县制兮廷尉李斯。创篆立规兮道传千载，尊始皇帝兮焚书坑儒。勒石记功兮秦山琅邪，小篆颂德兮虬龙飞舞。恬筑长城兮民以安宁，西起临洮兮竟海为关。修建直道兮逶迤远行，北起九原兮南至云阳。大将守边兮孰敢向南？修宫殿兮筑驰道，定度量兮立法则。铸金人兮焚图书，一文字兮定四海。巡视四方兮暴毙沙丘，赵高盗国兮李斯佐恶。扶苏自刎兮胡亥篡位，记仇报恨兮蒙氏丧命，指鹿为马兮李氏族夷。功比周召兮过实亡秦，华亭鹤唳兮忆犬上蔡。郡县初立兮诸侯叛秦，军事中虚兮兵戍南北。筑墓建宫兮民力殆尽，戍卒三百兮陈胜起义。大起囚徒兮秦守咸阳，兵败项刘兮子婴出降。

按：始皇一统天下，中华民族之大事，夫立法纪，一文字，修长城，筑驰道，定度量，与生民有利，德泽千古之事也。而历代史家诟病始皇，盖未知匈奴之强悍，百越之难平，而中国一统之匪易也。至于筑宫室，建坟墓，民力大竭。虽始于始皇，二世实主其事。由此观之，传承之事，可以兴国，可以丧邦。赵高一宦者耳，伪造始皇遗诏，赐剑扶苏、蒙恬，又蒙骗二世，指鹿为马！李斯为秦相，竟与之合污，腰斩咸阳，不亦宜夫。当始皇之际，李斯之功，可比周召，及其眷恋权力，与赵高同谋矫诏，此所谓一失足成千古恨者也。

〔楚汉相争〕

大泽起义兮陈涉吴广，揭竿为旗兮鸿鹄为志。众才数百兮疲卒叛秦，张楚忘危兮诸侯蜂起。秦杀义士兮楚起陇亩，项梁首领兮羽为其辅。范增谋策兮奉立义帝，秦击定陶兮章邯败楚。项羽救赵兮阻击宋义，破釜沉舟兮巨鹿大战，诸侯膝行兮秦将降楚。刘邦起沛兮剑斩白蛇，萧何曹参兮周勃樊哙。争战十年兮立汉基业，博浪椎皇兮张良辅汉。高祖谋国兮隐志投楚，先羽入关兮约法三章。灞上抗楚兮鸿门赴宴，项庄舞剑兮志在沛公。分裂天下兮羽封王侯，高祖入蜀兮子房归韩。烧绝栈道兮示楚无忧，将士流失兮萧何追信。

登坛拜将兮遂击三秦，明修栈道兮暗渡陈仓。羽杀韩王兮张良复归，楚击田齐兮汉袭彭城。并日急返兮楚骑三万，汉兵溃败兮刘邦亡命。萧何助守兮良平离间，楚失范增兮汉得彭越。信用奇计兮平赵燕齐，鸿沟为界兮汉王悔盟。兵围垓下兮四面楚歌，耻渡乌江兮霸王自刎。

按：秦失其政，诸侯逐鹿，项氏叔侄，承楚国之余荫，起陇亩之中。立怀王而令诸侯。羽以八千子弟渡江，破釜沉舟，大破秦军，诸侯膝行，不敢仰视。『楚虽三户，亡秦必楚』，其此之谓乎。当此之时，羽不行仁义于百姓，自矜功伐，释沛公，封诸侯，疑范增，弃韩信，放逐义帝而自立，号称西楚霸王。羽欲得天下，实乎难矣。然而羽力能扛鼎，善战，将三万骑大破刘邦五十六万大军于彭城，汉王丧胆，弃妻推子，自古以来，未尝有也。

汉王起沛县，萧何、曹参、樊哙、周勃等皆随沛公起事，不离不弃。楚汉相争，汉王屡败屡战，以关中兵源粮饷，不绝于路，萧何之力也。是故汉初大封功臣，萧相国名列第一。高祖起张良、韩信、陈平、彭越于楚营，知人善任，俱立大功。张良谓汉王天授，韩信则称高祖善将将。萧规曹随，汉家四百年天下，垂典中国，岂偶然哉。

第三章 兩漢風華

一、西漢

1、漢初匈奴爭戰

秦築陶磚兮往跡難尋。
漢留片土兮葦草為牆。
匈奴坐大兮秦漢交錯。
猛將如雲兮高祖伐胡。

冒頓入北兮圍我白登。
將帥不敵兮雨雪無饟。
士出奇謀兮閼氏縱歸。
霧濃人靜兮矢弩外向。
四海一統兮邊方未定。
大風起兮雲飛揚。
安得猛士兮守四方。

劉敬謀國兮漢胡和親。
哀遣公主兮遺之遠疆。
穹廬爲室兮乳酪爲漿。
苦思故土兮心神内傷。
夫死婦營兮呂后專政。
單于褻嫚兮未敢言羞。
治由黄老兮天下晏然。

與民生息兮安而復昌。

成桐注：當秦漢之際，匈奴崛起。以始皇之強，蒙恬之勇，率三十萬衆擊胡七百里，然後築長城守之而已矣。高祖内亂未平，民未脱困，受叛臣韓王信誤導，率三十二萬衆，欲平匈奴，而冒頓單于誘之，四十萬騎圍高祖于平城。是時也，高祖猛將如雲：有夏侯嬰，陳豨，周勃，樊噲等輩。謀臣則有劉敬，陳平，然而終被困於白登，七日不食，謹乃得免。劉敬始提和親，中國得以休養生息，高祖大風歌即嘆猛士守邊之難覓，呂后吞聲受辱，三世至於武帝，始報高祖困於匈奴之恥，漢人之忍辱負重，可謂深矣。

2、文景之治

安劉誅呂兮陳平周勃。
恭儉遵業兮文景敦化。
輕徭薄賦兮黄老治術。
上無苛令兮官無煩治。
虚懷納諫兮輕刑慎罰。
郡國並行兮分封諸劉。

諸侯抗命兮賈誼治安。
亞夫領軍兮七國得平。
集權中央兮郡縣始成。
匈奴日驕兮襲我甘泉。
軍屯細柳兮守我邊疆。

成桐注：文景之治，與民休息。然而賈誼獻計，中央權集。雖有吳楚之亂，民不思變。余觀長沙利蒼侯家族之墓，墓葬于文帝初年，棺槨宏偉而裝飾華麗。可知國富民強，所以開漢武之盛世也。

3、武帝拓邊

五世其休兮生民倍增。

太倉多粟兮陳陳相因。

國富兵強兮遂謀西姜。
祖母無為兮黄老是依。
罷黜百家兮儒術獨尊。
選賢與能兮政法惟剛。
蓋遣公主兮孝武逐北。
太后崩殂兮始城朔方。
利誘匈奴兮王恢用策。

三十萬衆兮馬邑伏軍。
單于逃逸兮遂斷和親。
濟濟多士兮竟霸河西。
雄關似鐵兮商旅萬方。
五十四載兮承秦啟後。
協音律兮定曆數。
興太學兮改正朔。

起察舉兮選賢能。

千古一帝兮人懷德。

成桐注：武帝承三代積蓄，外征匈奴，內立儒術。允文允武，千古一帝。用人唯才，宜乎漢帝國留名古今！班固評述：歷代用人，於斯為盛！

4、張騫通西域

斷匈奴右臂兮博望氏之行以求！

歷艱苦猶持漢節兮豈被擄之可羞。

去歲十三兮二人得還。

經國卅六兮西域始通。

酒泉初置兮復設武威。

既破樓蘭兮又破車師。

得馬大宛兮蜀布何由？
蒲萄苜蓿兮植之離宮。
將軍識途兮知虜之可傾。
大帝思遠兮征伐乎邊方。

成桐注：自古艱難為一死。張騫出使大月氏，蘇武牧羊於北海，九死一生，不辱朝庭，功難堪矣！張騫在西域十三年，所聞所聞，回報天子，開漢家四百年拓土衛國之機，可謂中國使節第一，玉門關銅像雕塑，立馬迎風，不亦宜乎！

5、貳師降虜

絕世佳人兮延年頌歌。
傾國傾城兮歿留帝恩。
謀善馬兮外戚遠攻。

士卒物故兮孝武怒遮玉門。

涉流沙兮天馬歸。

承靈威兮降外國。

破大宛兮廣利侯封。

漢立張掖兮敦煌始雄。

祝詛天子兮憂懼愁慌。

虜入五原兮陷我名城。

將兩萬衆兮深入要功。

軍敗燕然兮貳師辱降。

成桐注：武帝以寵愛李夫人，而派李廣利出征，欲其封侯也。然而漢法至嚴，廣利欲退而武帝竟遮玉門關。可知武帝用人之一斑。

6、衛青破虜

出車彭彭兮長平始擊匈奴！（出車彭彭句出於詩經，衛青被封長平侯）

萬騎出塞兮黃沙擊我矢弓。

風嘶嘶兮馬鳴。

奇兵出兮虜驚。

趙信城崩兮漢胡相搏。

利鏃穿骨兮殺氣凌空。
單于遁逃兮右王逆謀。
漢南無胡跡兮大將封！
了、李廣難封、蘇武南歸
龍城將飛兮威振天涯。
力敵萬騎兮馬急胡走。
勇冠三軍兮矢貫深岩。

將軍失道兮漢袁刭首。
木訥少言兮天下涕流。
長子復仇兮驃驍射殺。
孫字少卿兮氣衝斗牛。
都尉少壯兮兵出居延。
單于臨陣兮衆寡懸殊。
力盡矢窮兮李陵降虜。

武帝震怒兮合家被戳。
不蒙明察兮史遷腐刑。
河梁送别兮蘇武南歸。
老母終堂兮生妻去帷。
流離辛苦兮幾死到北。
鴈飛雲邊兮隴上煙寒。
官典屬國兮漢宣記功。

8、霍去病平定南匈奴

漢設四郡兮斷絶南羌。
匈奴未滅兮何以家為？
驃騎奔逐兮寄身刃鋒。
勢崩雷電兮地動天搖。
徑絶大幕兮封狼居胥。
臨瀚海兮胡虜移。

禪姑衍兮月明中。

大將夭折兮茂陵立祠。

成桐注：武帝開拓朔方以後，全力戰胡。張騫出使，已得匈奴地理形勢，李廣、衛青、霍去病出塞數千里，屢擒名王，封狼居胥，南匈奴降漢。治胡之功，自古以來，未嘗有也。一洗高祖忍聲

痛氣，中國邊疆百姓受凌辱半世之
苦，何其壯哉！

9 武帝輪臺罪己
日光冷兮矢盡弓藏。
月色苦兮孤雁飛高。
五分一存兮漢馬亡，
雖得陰山兮血滿溝。

輪臺罪己兮百姓復農。
禁苛止賦兮與民息休。
六畜蕃息兮黍稷復盈。
日磾輔政兮西風吹襟。

成桐注：秦末漢初，冒頓單于強悍，而老上單于繼之，自高祖至文帝周亞夫守邊，俱無可如何。至武帝征匈奴，乃中國生死存亡之事。天祐中華，將士用命，南匈奴降漢。然而民力殆盡，武帝傷之，遂有輪臺罪己之詔。能伸能屈，中國得以休息，千古以來，未嘗有也。

10. 漢宣中興

孝武托孤兮霍光輔政。

匡安國家兮漢家之寄。

均輸鹽鐵兮抑制豪強。
太后廢帝兮伊尹故事。
孝宣得立兮司馬忘身。
黨親連體兮根遍朝野。
立女為后兮如芒在背。
死才三載兮宗族誅夷。
王霸雜用兮遠結烏孫。

大敗匈奴兮西域都護。麒麟畫像兮功臣十一。子孟爲首兮孝宣宏德。

成桐注：霍光輔政，功比周召。惜乎未能收斂，陰妻邪謀，立女爲后。賢君如宣帝，有如芒在背之感。惜乎死後家族被誅。然而墓留茂陵，又圖形麒麟閣，功臣第一，宣帝亦可謂報德矣。亦可知西漢之親賢臣也。

11、昭君出塞

明妃失意兮漢家樓閣。
高山峨峨兮河水泱泱。
手揮琵琶兮平沙雁落。
中心惻傷兮遠度西羌！

白日西匿兮關山蕭索。
蕪絶異域兮腸斷淚乾。
飲咽無聲兮故鄉永隔。
胡鼙鼓喧兮胡姬侍安。
單于寵愛兮邊城未拓。
三世無警兮少見干戈！
和樂且閑兮棣棣穆穆。

胡族漢化兮澤被邊疆！

成桐注：昭君出塞，歷代傷之。然而明妃出宮，終見天日。終勝於鬱鬱而終。漢胡和平，六十餘年，功莫大焉！

二、王莽亂政

漢成淫亂兮王鳳用事。

諫議不聽兮外戚始興。
悉封諸舅兮五侯欺世。
王氏四代兮太后長壽。
御史諫爭兮山崩蜀郡。
新莽亂政兮孝元权授。
竊位南面兮毒流諸夏。
佞邪不仁兮城邑為虛。

成桐注：今世論史者，多有閔王莽者。然而莽復古改制，逆時而行，百姓倒懸，罪不容誅。

三、東漢

1、光武中興

以寡敵眾今昆陽大捷。

將相和睦兮光武中興。
郭氏為后兮河北民悅。
銅馬毀敗兮兵容始盛。
大軍入蜀兮公孫覆滅。
力平隗囂兮隴右得暇。
東都洛陽兮麗華如願。
息肩中土兮克克競競。

收弓矢兮散馬牛。
退功臣兮進文吏。

成桐注：光武固是一代英主，君臣和睦。與民休息，開東漢二百年天下。然而創意銳氣俱不如武帝，比諸歷代君王，政亦可觀焉！「做官當為執金吾，娶妻當作陰麗華」與高祖見始皇曰「大丈夫當如是」辭氣不若遠甚！而諸葛亮出師表：「親賢臣，遠小人，此先漢所以興隆也。親小人，遠賢臣，此後漢所以衰微也」。雖為的言，然而兩漢外戚用事，竟亡其國，豈「獨尊儒術，以孝治天下」之政策使然乎？

2、明帝繼位暨佛學東來

孝明承治兮倉廩實。

抑制豪强兮嚴宗室。
倡儒學兮重刑名。
尊先師兮正禮樂。
尚氣節兮崇廉恥。
賜公田兮興水利。
征北匈奴兮開疆拓土。
雲臺圖畫兮二十八將。

黄河得治兮户口滋殖。
民安其业兮明章盛世。
金人显梦兮天子求问。
西渡葱岭兮月氏觅佛。
永平十年兮汉使圆梦。
天竺沙门兮终生弘法。
径千万里兮白马驮经。

寺建洛陽兮佛像遠來。

成桐注：明章盛世，承光武之教。而不遜其德。雲臺二十八將，所以記功，良有以也。

3、竇固、班昭重定西域

伐北匈奴兮扶風竇固。

屯兵涼州兮出兵酒泉。

擊呼延王兮天山旋歸。

于寘驕橫兮幾併西疆。
都護西指兮眾才四九。
風雪交加兮笳音揚清。
定國五十兮強虜消逝。
遠索大秦兮遣使甘英。
幾窮西海兮止於條支。
延首東望兮慘切悽惕。

大漢經年兮顧瞻故鄉。
胡楊蒿黃兮枝枯葉乾。
沙場白骨兮刀痕箭瘢。
妹昭上書兮班侯得歸。
竇憲欺罔兮權傾當世。
遠出大漢兮燕然勒石。
匈奴敗北兮鮮卑始大。

成桐注：北匈奴至東漢而復強，卒降于漢，竇、班二氏家族有大功焉。燕然勒石，自古稱之。惜乎竇憲藉太后而霸权，東漢外戚宦官之爭，竇氏有責焉！宜乎竇憲之被誅也。

西汉

〔高祖平定诸王〕

关中沃野兮定都长安。异姓封王兮笼络有功，信据楚地兮越封定陶。韩彭菹醢兮帝征英布，宠爱戚后兮欲传如意。子房用计兮商山四皓，羽翼已成兮高祖楚歌，萧樊囚絷兮惠帝始立。

〔汉初匈奴争战〕

秦筑陶砖兮往迹难寻，汉留片土兮苇草为墙。匈奴坐大兮秦汉交错，猛将如云兮高祖伐胡。冒顿入北兮围我白登，将帅不敌兮雨雪无饷。士出奇谋兮阏氏纵归，雾浓人静兮矢弩外向。四海一统兮边方未定。『大风起兮云飞扬，安得猛士兮守四方。』刘敬谋国兮汉胡和亲，哀遣公主兮遗之远强。穹庐为室兮奶酪为浆，苦思故土兮心神内伤。夫死妇营兮吕后专政，单于亵嫚兮未敢言羞。治由黄老兮天下晏然，与民生息兮安而复昌。

按：当秦汉之际，匈奴崛起。以始皇之强，蒙恬之勇，率三十万众击胡七百里，然后筑长城守之而已矣。高祖内乱未平，民未脱困，受叛臣韩王信误导，率三十二万众，欲平匈奴，而冒顿单于诱之，四十万骑围高祖于平城。是时也，高祖猛将有夏侯婴、陈豨、周勃、樊哙，谋臣则有刘敬、陈平，然而终被困于白登，七日不食，仅乃得免。刘敬始提和亲，中国得以休养生息，《大风歌》叹守边猛士之难觅，盖谓此也。吕后吞声受辱，三世至于武帝，始报高祖困于平城之耻，汉人忍辱负重，可谓深矣。

〔惠帝继位，吕后专政〕

戚后得宠兮几易太子，周昌期期兮叔孙死谏。四皓佐盈兮惠帝即位，萧规曹随兮政由黄老。减民徭役兮除挟书律，仁柔慈孝兮抑郁而终。少帝即位兮吕雉临朝，大封吕氏兮刘恭废黜，雉死族移兮弘复被废。

〔文景之治〕

安刘诛吕兮周勃陈平。恭俭遵业兮文景敦化，轻徭薄赋兮黄老治术。上无苛令兮官无烦治，虚怀纳谏兮轻刑慎罚。郡国并行兮分封诸刘，诸侯抗命兮贾谊治安。亚夫领军兮七国得平，集权中央兮郡县始成。匈奴日骄兮袭我甘泉，军屯细柳兮守我边疆。

按：文景之治，与民休息。然后贾谊献计，中央集权，虽有吴楚之乱，民不思变。余观长沙轪侯利苍家族之墓，墓葬于文帝初年，棺椁宏伟而饰彩华丽，可知其时国富民强，是以开汉武之盛世也。

〔武帝拓边〕

五世其休兮生民倍增，太仓多粟兮陈陈相因，国富兵强兮遂谋西疆。祖母无为兮黄老是依，罢黜百家兮儒术独尊，进贤与能兮政法惟刚。羞遣公主兮孝武逐北，太后崩殂兮始城朔方。利诱匈奴兮王恢用策，三十万众兮马邑伏军，单于逃逸兮遂断和亲。济济多士兮竟霸河西，雄关似铁兮商旅万方。五十四载兮承秦启后，协音律兮定历数，兴太学兮改正朔，起察举兮选贤能。千古一帝兮人怀厥德。

按：武帝承三代积蓄，外征匈奴，内立儒术。允文允武，千古一帝。用人唯才，宜乎汉帝国留名古今。班固评述：历代用人，于斯为盛。

〔张骞通西域〕

断匈奴右臂兮博望月氏之行以求，历艰苦犹持汉节兮岂被掳之可羞。去岁十三兮二人得还，经国卅六兮西域始通。酒泉初置兮复设武威，既破楼兰兮又破车师。得马大宛兮蜀布何由？蒲陶苜蓿兮植之离宫。

将军识途兮知虏之可倾，大帝思远兮征伐乎边方。

按：自古艰难为一死，张骞出使大月氏，苏武牧羊北海，九死一生，不辱君命，功谁堪比。博望侯西域十三年，所阅所闻，回报天子，开汉家四百年拓土卫国之机，可谓中国使节第一，玉门关铜像雕塑，立马迎风，不亦宜乎。

〔贰师降虏〕

绝世佳人兮延年颂歌，倾国倾城兮殁留帝恩。谋善马兮外戚远攻，士卒物故兮孝武怒遮玉门。涉流沙兮天马归，承灵威兮降外国，破大宛兮广利侯封，汉立张掖兮敦煌始雄。祝诅天子兮忧惧愁慌，虏入五原兮陷我名城。将两万众兮深入要功，军败燕然兮贰师辱降。

按：武帝宠爱李夫人，派李广利出征，欲其封侯也。然而汉法至严，广利欲退而武帝竟遮玉门关，可知武帝用人之一斑。

〔卫青破虏〕

出车彭彭兮长平始击匈奴，万骑出塞兮黄沙击我矢弓。风嘶嘶兮马鸣，奇兵出兮虏惊。赵信城崩兮汉胡相搏，利镞穿骨兮杀气凌空。单于遁逃兮右王逆谋，漠南无胡迹兮大将封！

〔李广难封，苏武南归〕

龙城将飞兮威振天涯，力敌万骑兮马急胡走。勇冠三军兮矢贯深岩，将军失道兮漠表刭首。木讷少言兮天下涕流。长子复仇兮骠骁射杀，孙字少卿兮气冲斗牛。都尉少壮兮兵出居延，单于临阵兮众寡悬殊，力尽矢穷兮李陵降虏。武帝震怒兮合家被戮，不蒙明察兮史迁腐刑。河梁送别兮苏武南归，老母终堂兮生妻去帷，流离辛苦兮几死朔北。雁飞云边兮陇上烟寒，官典属国兮汉宣记功。

〔霍去病平定南匈奴〕

汉设四郡兮断绝南羌，匈奴未灭兮何以家为？骠骑奔逐兮寄身刃锋，势崩雷电兮地动天摇。径绝大幕兮封狼居胥。临翰海兮胡虏移，禅姑衍兮月明中，大将病殁兮茂陵立祠。

按：武帝开拓朔方以后，全力击胡。张骞出使，已得匈奴地理形势，李广、卫青、霍去病出塞数千里，屡擒名王，封狼居胥，南匈奴降汉。治胡之功，自古以来，未尝有也。武帝一洗高祖吞声忍气、中国边疆百姓备受凌辱半世纪之苦，何其壮也。

〔武帝轮台罪己〕

日光冷兮矢尽弓藏，月色苦兮孤雁飞高。五分一存兮汉马亡，虽得阴山兮血满沟。轮台罪己兮百姓复农，禁苛止赋兮与民息休，六畜蕃息兮黍稷复盈。日磾辅政兮西风吹襟。

按：秦末汉初，冒顿单于强悍，侵边掠土，而老上单于继之，自高祖至文帝时周亚夫守边，俱无可如何。至武帝征匈奴，乃中国生死存亡之大事。天佑中华，将士用命，南匈奴降汉。然而民力殆尽，武帝伤之，遂有轮台罪己之诏，能伸能屈，中国百姓得以休息。千古以来，帝强而能罪己者，未尝有也。

〔昭宣中兴〕

昭帝承嗣兮钩弋之子，孝武托孤兮霍光辅政。匡安国家兮汉家之寄，司农征召兮文学贤良。均输盐铁兮抑制豪强，弱冠察忠兮燕谋难骋。诛桑弘羊兮复灭上官，刘贺继位兮猥琐难堪。太后废帝兮伊尹故事，孝宣得立兮司马忘身。党亲连体兮根遍朝野，立女为后兮如芒在背，死才三载兮宗族诛夷。王霸杂用兮远结乌孙，大败匈奴兮西域都护。麒麟画像兮功臣十一，子孟为首兮孝宣宏德。

按：武帝托孤，霍光辅政，历昭、宣二朝，匡安国家，功比周召。惜乎晚年未尽收敛，阴妻邪谋，立女为后。贤君如宣帝，亦有如芒在背之感。霍光死后家族被诛，不亦宜乎。然而霍光墓留茂陵，又图形麒麟阁，功臣第一，宣帝亦可谓报德矣，可知西汉诸帝之重贤也。

〔昭君出塞〕

明妃失意兮汉家楼阁，高山峨峨兮河水泱泱。手挥琵琶兮平沙雁落，中心恻伤兮远渡西羌。白日西匿兮关山萧索，芜绝异域兮肠断泪干。饮咽无声兮故乡永隔，胡鼙鼓喧兮胡姬侍安。单于宠爱兮边城未拓，三世无警兮少见干戈。和乐且闲兮穆穆棣棣，胡族汉化兮泽被边疆。

按：昭君出塞，历代伤之。然而明妃出宫，得见天日，远胜于郁郁而终。且汉胡因此和平六十余年，功莫大焉。

昭君本名王嫱，汉元帝之宫女也。元帝柔仁好德，在位十六年。时匈奴分郅支单于及呼韩邪单于两支。郅支为陈汤所灭。王嫱嫁呼韩邪单于，为宁故阏氏。边陲遂无兵革之事，元帝因此改年号曰竟宁。

元帝为宣帝皇后许平君之子，许平君为霍光之妻毒杀，是以宣帝特爱元帝。元帝为太子时，谏宣帝宽法而行仁政，宣帝怒曰：『乱我家者，太子也。』以元帝不知汉法为骨，儒学为表也。

太子爱妃司马良娣早逝，从此不见姬妾。宣帝命王皇后觅得王政君为太子妃。王政君为后及太后六十一年，外戚从此专政焉！

元帝又独好儒臣，及宦官石显等逼死萧望之，元帝优柔寡断，亦无可如何。是故司马光曰：『孝元之为君，易欺而难悟也。』从此外戚、宦官、儒臣相交替，至王莽而亡。

〔新莽篡位〕

汉成淫乱兮王凤用事，谏议不听兮外戚始兴。悉封诸舅兮五侯欺世，王氏四代兮太后长寿。御史谏争兮山崩蜀郡，新莽乱政兮孝元权授。窃位南面兮毒流诸夏，复古改制兮周礼为上。改币禁奴兮均田盐铁，变官县名兮民未得利。河决元城兮泛滥诸郡，堵口无力兮城邑为墟。赤眉起义兮聚师南阳，演秀夹击兮昆阳大败。绿林军陷长安兮王莽授首，光武转战河北兮东汉始兴。

按：今世论史，多有悯王莽者。然而莽复古改制，逆时而行，百姓倒悬，又逢河决元城，灾害诸郡，莽不能治，遂为乱军所杀。

王莽之乱，实始于汉成帝外戚专政。班固著《汉书》，言其姑为班婕妤。婕妤，有汉一代之才女也，《诗品》评五言诗，曰汉都尉后，将百年间，一妇人而已。班固叔伯侍班婕妤帷幄，得知成帝事，成帝善修仪容，博览古今。公卿称职，奏议可述也！然耽于女色，赵氏乱内，外家擅朝。自王凤执国命，哀、平短祚，莽遂篡位矣。

東漢

〔光武中兴〕

以寡敌众兮昆阳大捷，将相和睦兮光武中兴。邓禹冯异兮贾复耿弇，儒者气象兮一气所钟。郭氏为后兮河北民悦，铜马毁败兮兵容始盛。大军入蜀兮公孙覆灭，力平隗嚣兮陇右得暇。东都洛阳兮丽华如愿，息肩中土兮克克兢兢。收弓矢兮散马牛，退功臣兮进文吏。

按：光武固是一代英主，君臣和睦，与民休息，开东汉二百年天下，然而创意锐气俱不如武帝。光武少时有志，曰『做官当为执金吾，娶妻当得阴丽华』，与高祖少时见始皇出游曰『大丈夫当如是』，辞气不若远甚！汉末诸葛亮出师表评东西汉成败，曰『亲贤臣，远小人，此先汉所以兴隆也。亲小人，远贤臣，此后汉所以倾颓也』。诚哉斯言。然而两汉外戚用事，卒亡其国，『独尊儒术，以孝治天下』之政策使然乎。

秦始皇废封建，行郡县制，盖统一必然之路也。楚汉之际，项羽封六国后裔，卒至众叛亲离。而高祖军败彭城之后，几欲听郦食其之劝，分封六国之后。张良止之，高祖终悟周初分封诸侯之策不可继也。

汉初功臣，异姓封王者八人，卒谋叛逆，终至灭亡者，何哉？韩信、彭越、英布，汉初三大将，叛楚附汉，俱立大功。高祖定天下，封韩信楚王、彭越梁王、英布淮南王。此三王者，兵多地广，势比战国七雄，高祖竟不能制！是故汉谋一统天下，非削藩不可！然而高祖擒韩信，捉彭越，均出于诈。尔后亲征英布，恶其布阵似项羽，高祖虽诛灭英布而亦被箭伤，可知三王之难平也。

高祖平定八王之后，遂有白马之盟：非刘氏称王者，天下共击之！并祝曰：国以永存，施及苗裔！侯后吕氏称王，后死而天下共击吕氏诸王，盖追高祖之殊遇也。文帝时，淮南及济北王谋逆，贾生献治安策『众建诸侯而少其力』，削诸侯而实中央也。削藩遂生景帝时吴楚七国之乱！武帝时复用主父偃推恩令，诸侯弱而中央集权矣！

后世多有诟病高祖杀韩信、诛彭越之事，其实二王之被诛，早种祸根于垓下之战。

初，高祖背信，弃项王以鸿沟为界之约，三路追羽。韩信、彭越竟不如高祖约，导致高祖一军在固陵大败！

张良遂劝高祖：『楚兵且破，信、越未有分地，其不至固宜，君王能与共天下，今可立致也。即不能，事未可知也。君王能自陈以东傅海，尽与韩信；睢阳以北至谷城，以与彭越，使各自为战，则楚易败也。』兵者，凶事也。而韩信、彭越乘危而要挟高祖，诚小人哉！以后谋逆伏诛，不亦宜乎！

〔明章之治〕

孝明承治兮仓廪实，抑制豪强兮严宗室。倡儒学兮重刑名，尊先帅兮正礼乐。尚气节兮崇廉耻，赐公田兮兴水利。征北匈奴兮开疆拓土，云台图画兮二十八将。黄河得治兮户口滋殖，尊崇儒学兮白虎论经。民安其业兮明章盛世，金人显梦兮天子求问。西渡葱岭兮月氏觅佛，永平十年兮汉使圆梦。天竺沙门兮终生弘法，径千万里兮白马驮经，寺建洛阳兮佛像远来。

按：明章盛世，承光武之教，而不逊其德。云台二十八将，所以记功，良有以也。

〔窦固、班超复定西域〕

伐北匈奴兮扶风窦固，屯兵凉州兮出兵酒泉，击呼衍王兮天山旋归。于阗骄横兮几并西疆，都护西指兮众才四九，风雪交加兮笳音扬清，定国五十兮强虏消逝。远索大秦兮遣使甘英，几穷西海兮止于条支，延首东望兮惨切凄伤，大漠经年兮顾瞻故乡。胡杨蒿黄兮枝枯叶干，沙场白骨兮刀痕箭瘢，妹昭上书兮班侯得归。窦宪欺罔兮权倾当世，远出大漠兮燕然勒石，匈奴败北兮鲜卑始大。

按：北匈奴至东汉而复强，卒西逃遁，窦、班二氏家族有大功焉，燕然勒石，自古称之。惜乎窦宪借太后而霸权，东汉外戚、宦官之争，窦氏有责焉，宜乎宪之被诛也。至于班超以三十六人袭杀匈奴使臣于大漠，威震西域诸国，有胆有识，千载下读其故事，犹凛凛有生气。定远侯英年出使，皓首而归，卒后，西域又乱，子班勇复平之。汉代使臣将相，俱能为国舍命，宜乎两汉之盛也。

〔永元之隆、桓灵之乱及党锢之争〕

孝和嗣世兮正身履道，太后用事兮独断专行，权倾朝廷兮窦氏兄弟。帝临北宫兮诏命校尉，用中常侍兮计灭外戚。宦官坐大兮祸至桓灵，主荒政缪兮处士横议。臧否人物兮激浊扬清，三君八俊兮天下景从。身被淫刑兮祸及友朋，士类歼灭兮国随以亡。

第四章

魏晋南北朝

一、曹氏篡漢

竇氏消亡兮宦官用事。
既誅陳藩兮復殺竇武。
漢儒黨爭兮佞臣執政。
天下大饑兮常侍得寵。

張角崛起兮西羌復亂。
招兵涼州兮何進授首。
烝民塗炭兮王室覆蕩。
野無鷄鳴兮白骨千里。
董卓乘釁兮袁紹構難。
官渡大勝兮曹操無君。
北征烏桓兮蹋頓敗亡。

東臨碣石兮蒼海揚鞭。

烏鵲南飛兮敗軍赤壁。

西伏隴右兮魏武遠征。

馬騰流竄兮韓遂敗亡。

匈奴日疏兮雜胡始壯。

三分天下兮曹丕篡位。

成桐注：東漢末宦官外戚爭權，士大夫黨爭，而王室荒淫無能，民不聊生，農民起義。州郡乘時而起，戰禍連年。曹操崛起，武功智慧，殊絕於人。官渡而後，三分天下有其二，挾天子以令諸侯，自比周召，以為功難堪矣，然後孫劉合伙，赤壁火攻。曹公敗走而復起，西平漢中，得隴而未敢望蜀，豈曹公老矣，抑中原未定乎。

二、吴霸江東

圍伐董卓兮長沙孫堅。

戰死江表兮子策報仇。

霸取江東兮吴郡傷逝。

托弟周瑜兮孫权續位。

欲謀江夏兮聯備抗曹。

火攻赤壁兮孟德敗走。

白衣渡江兮呂蒙陸遜。
偷襲荊州兮關羽授首。
玄德稱帝兮進軍夷陵。
猇亭大戰兮兵敗伯言。
駕崩白帝兮劉備托孤。
孫權稱帝兮改元黃龍。
南魯黨爭兮忠臣喪命。

身死族亂兮晉武伐吳。
旗落石頭兮孫皓降晉。

成桐注：孫氏兄弟經營江東，抗曹拒蜀，重用周瑜陸遜，危然後安，善用良士而已矣。國富民強，開發江南，至於閩粵臺灣，有大功與中華一統也。

三、蜀漢偏處西陲

靖王之後兮織蓆販履。

擊黃巾兮附孟德。

走荊州兮事劉表。

志漢業兮覓賢能。

風雪加兮顧孔明。

隆中應對兮知天下事。

聯吳抗曹兮孟德敗走。
欺璋入蜀兮取魏漢中。
孤軍北伐兮關羽毁敗。
秭歸蹉跎兮白帝托孤。
臣亮開府兮法治益州。
五月渡瀘兮荊南始定。
兩表出師兮六出祁山。

未捷先死兮星沉五丈。
蔣琬輔政兮姜維為將。
費禕繼任兮亂臣刺殺。
寵信黃皓兮衆將離心。
陰平偷渡兮劉禪降魏。

成桐注：劉玄德三顧茅廬，得孔明而後興。惜乎入蜀而後，未能融合當地士族。又急於求成，關羽北伐，敗走麥城，東征孫吳，铩歸嗟咲。四方所聚之精英，散於一旦，誠可嘆也。及其身死白帝，托孤孔明，亦可知劉郎才氣，非常人所及也。孔明追先主之殊遇，六出祁山，惜乎人才未足，將無韓信，文無蕭何。是故星沈五丈原，亦無可如何之事。劉備托孤，謂君才十倍于丕，可惜司馬才亦十倍于丕。後主用蔣琬，費褘，姜維，循武侯違意，未如後人所述之無能，惜乎重用黃皓耳。然而歸命中原，中國一統，天下之大勢也，樂不思蜀，何足恨哉。

四、兩漢文學

漢承先秦兮郁郁典麗。

項劉誦歌兮猶好楚聲。

霸王拔山兮大風頌歌。

清遠流麗兮武帝秋風。

壯觀鴻奇兮瓠子天馬。

賈生過秦兮鵩鳥沈淵。

漢賦初興兮枚乘七發。

拓宇楚辭兮受命于詩。

宮殿苑囿兮巡游田獵。

大賦藻飾兮腴辭雲構。

興廢繼絶兮潤色鴻業。

相如長門兮子虛上林。

緣情綺靡兮體物瀏亮。

楊雄甘泉兮河東羽獵。

諷諫鋪陳兮逐貧述志。

班固兩都兮鋪采摛文。

張衡感懷兮二京歸田。

小賦抒情兮班彪北征。

蔡邕述行兮彌衡鸚鵡。

司馬述史兮黃帝迄漢。

雄邁古今兮史家絶唱。
斷代為史兮班固評述。
妹昭續編兮漢書始成。
都尉送別兮五言之始。
百年一人兮婕妤團扇。
古詩温麗兮清音遠皓。
指事造形兮窮情寫物。

怊悵切情今五言冠冕。

成桐注：唐韓愈文起八代之衰，然而倡議文必秦漢，於我心有戚戚焉！漢賦華麗，蓋漢朝國力最為鼎盛，後無可比。而五言詩古樸溫麗，詩人詠歌，出於心，發乎情，睦睦棣棣，宜乎後世言中華文化者，必稱漢唐。

五、建安文學

文起建安兮俊才雲湧。

蔡邕飛白兮飲馬琴操。

聚賢鄴下兮魏武沉雄。

子桓清越兮陳思獨步。

洛神淑美兮詞采華茂。

辭賦淒滄兮五言騰踴。

亡家失身兮文姬悲憤。
典論論文兮七子並縱。
仲宣登樓兮陳琳飲馬。
公幹高風兮應璩雅深。
阮瑀章表兮偉長室思。
陳壽撰述兮三國敘事。
劉徽劉圓兮專注九章。

雨漢朱華兮鄴水為盛。
中原板蕩兮西涼稍安。
豪傑遠行兮山川形騰。
大漢蒼茫兮丹霞璀燦。
磊石落使才兮慷慨任氣。

成桐注：建安文學、承雨漢朱華、開隋
唐盛世。蔡邕父女、三祖陳王、七子並縱、

得五言之冠冕，開漢賦之極至。

六、西晉

鄧艾西征兮偷渡陰平。

鍾會侵功兮司馬獨大。

樓船順流兮鐵鎖沉江。

旗落石頭兮王濬滅吳。

定都洛陽兮改元泰始。

世族復興兮汲汲求利。

承魏舉才兮九品取士。

唯能是用兮名節漸喪。

空談節儉兮晉武鬥富。

去州郡兵兮八王亂政。

胡族内遷兮強敵環伺。

晉議徙戎兮江統先導。
鮮卑不臣兮河西入侵。
匈奴復出兮并州崛起。
妄稱宗室兮僞劉遍阡。
永嘉大亂兮石勒橫行。
劉曜擄帝兮青衣行酒。
黎民不堪兮五胡亂華。

成桐注：司馬篡曹，屈蜀滅吳。世族復
興，然而汲汲求利，名節漸衰，又無能處
理東漢以來胡族內遷所產生之諸般問題，
終至劉曜擄帝，石勒橫行，良可嘆也。

七、東晉

士族南遷兮建康稱帝。

黨同伐異兮抑壓吳地。

朱張顧陸兮王謝為大。

權傾天下兮琅琊王氏。

譜牒為則兮門閥士宦。

祖逖澄清兮渡江擊楫。

攻滅成漢兮桓溫北伐。

灞水旋師兮洛陽暫駐。

驕而恃衆兮喪軍慕容。
退守建業兮前秦滅燕。
篡位不果兮王謝護晉。
北府兵威兮大勝苻堅。
觀棋不語兮淝水謝安。
氣吞萬里兮寄奴如虎。
討滅桓玄兮興復晉室。

北擒慕容兮南梟盧循。

經略西北兮不果南歸。

西執姚泓兮滅絕後秦。

恭帝禪讓兮劉裕弒君。

成桐注：晉室南遷，國祚長於西晉，蓋自孫权以還，北方士族，深入地方，根蒂已深，不易動搖矣。雖曰抑壓吳地，胡人勢力未達江南。北方精銳，盡集於此。中國門第，於斯為盛。然而抗拒胡人，王謝有功。至於桓溫劉裕，北伐雖未成功，亦一代豪傑也。

八、前秦苻堅

坊頭入關兮苻氏崛起。

攻佔長安兮遂霸隴蜀。

氐族漢化兮任用漢臣。

既滅前燕兮又滅仇池。

西達葱嶺兮東極大海。

北至大漠兮南控江淮。

忠言逆耳兮期吞江南。

百萬軍散兮閑中辱國。

成桐注：符堅任用王猛，漢化最深，根基未深，不聽王猛遺勸，欲吞東漢。百萬軍散，關中被辱，自刎而喪，亦可哀也。

九、北魏

鮮卑代興兮拓跋坐大。

定都平城兮攻掠後燕。

對峙劉宋兮西滅鄯善。
亡夏燕涼兮太武北統。
摩崖石窟兮雕塑遍野。
雲崗龍門兮隴西敦煌。
天水麥積兮永靖炳靈。
中西交融兮地理文學。
洛陽伽藍兮道元水經。

孝文漢化兮遷都洛陽。
根基未固兮六鎮民變。

成桐注：北朝遍佈胡人，鮮卑拓跋氏漢化最深。中西文化交融，於斯為盛，延及隋唐。

十、魏晉清談

士求悦己兮唯美修容。

無爲清浄兮道法自然。

駢賦協韻兮和聲天成。

梵音遠來兮經讀感懷。

黄老得尊兮儒學式微。

麗辭繽紛兮鏤心敷藻。

典雅擅長兮英華邁俗。
正始玄學兮何晏王弼。
無名無譽兮佛道交融。

成桐注：魏晋清談，史家垢病。然而中國歷代文人，未有如此時期文人求美和尊崇大自然者。中國歷代以還，科學以應用爲主。基礎科學以魏晋南北朝爲最盛。可比擬西方之文藝復興也。隋唐科舉制度、毀自由求美之精神於一旦。

十一、兩晉風流

才兼文墨兮右軍雄逸。
步兵詠懷兮情寄八方。
叔夜賦琴兮托喻清遠。

劉伶酒德兮向秀思舊。
披沙簡金兮陸機浮雲。
波瀾宏闊兮西征潘岳。
博物藏書兮清暢張華。
郭璞江賦兮彪炳磅礴。
靖節歸去兮自然超邁。
樂天知命兮葛洪抱樸。

化學得傳兮煉丹羅浮。

成桐注：魏晉南北朝承兩漢之後，辭賦五言，更進一步，而有俳賦，繪畫文字，一時之盛，而啟盛唐文學。

十二、佛法東來

流沙萬里兮震旦遠來。

敦煌菩薩兮月氏高僧。（竺法護）
大乘得譯兮般若法留。
龜茲苦讀兮母子修道。
羅什東來兮釋風漸行。
一十七載兮宏法涼州。
前秦遣將兮呂光奪佛。
後秦力邀兮鳩摩入京。

遠涉長安兮繙譯諸經。
法華金剛兮維摩三論。
子弟傳宗兮什門四聖。
譯本未全兮宏義未功。
法顯西遊兮留學天竺。
巒疊葱嶺兮木簇鷲峰。
朝行雪嶺兮夜渡冰川。

顧尋所經兮心動汗流。
去國十三兮終得戒律。
譯經建業兮摩訶僧祇。

成桐注：佛教自天竺經大月氏而入中國。佛道交融，沖擊儒家思想。影響至鉅！

十三、劉宋蕭齊

七分天下兮劉宋四分。
中原未定兮拓跋爭雄。
元嘉伐魏兮倉惶北顧。
儒玄文史兮宋帝立館。
義慶新語兮言簡俊秀。
著書後漢兮范曄留名。

松之注述兮三國史成。
剩餘有理兮孫子經算。
籌學驟起兮二祖綴術。
跌宕起伏兮恨別江淹。
文典以怨兮詠史左思。
三都十年兮洛陽紙貴。
蕪城有賦兮鮑照悽愴、

靈運五言兮芙蓉出水。
延年白馬兮錯釆鏤金。

成桐注：劉宋國小，且僻處南方，然而儒玄文學、籌算、歷史記述，不遜于盛唐，豈東西交流、江南俊秀初起乎？

十四、北齊北周

北魏衰敗兮國分東西。
高歡擁立兮定都鄴城。
孫洋篡位兮北齊淫逸。
北魏孝武兮西奔長安。
關中立國兮宇文权重。
既敗東魏兮復滅後梁。

恭帝禪讓兮北周始霸。
武帝奮威兮高齊毀敗。
主少國危兮楊堅篡位。

十五、蕭梁南陳

梁武佞佛兮捨身四度。
民窮財盡兮侯景作亂。

千里絶煙兮白骨成聚。

僧辯降敵兮北齊入境。

霸先篡位兮誅殺大將。

叔寶荒淫兮河山日下。

楊廣滅陳兮麗華瑕井。

昭明集述兮始評文學。

劉勰文心兮鍾嶸詩品。

沈約四聲兮八詠傳世。

撰述宋史兮作賦麗人。

玉臺新詠兮徐陵宮體。

哀賦江南兮庾信淒怨。

達摩東渡兮建業暫駐。

法救迷情兮一花五葉。

一葦渡江兮長蘆久住。

面壁九年兮禪宗始興。

玄佛交融兮隋唐延續。

成桐注：梁陳二朝，民不聊生，然而文學批評，劉勰文心雕龍，鍾嶸詩品，沈約四聲八詠，庾郎愁賦，至於達摩創立禪宗。影響中國文化至深，亦可異也。

十六、敦煌麥積石窟

高窟嵯峨兮千載經營。
壁畫塑像兮魏齊始盛。
飛天伎樂兮佛門史蹟。
菩薩左右兮釋迦側臥。
玄黃色雜兮羅漢疊壁。
畫圖煥綺兮吐曜含章。

龍鳳呈瑞兮虎豹凝姿！
俯仰顧眄兮形彩之飾？
流離爛漫兮霞駮雲蔚。
丹青并飾兮金玉同鐫。
神儀内瑩兮寶相外宣。
歸誠妙覺兮標志上玄。

成桐注：莫高、炳靈、麥積洞窟，雕塑畫壁、西域藏書，溯源至於北魏，千年累積，奚止中華之瑰寶，亦世界之光也。

伍成桐

二零一八年六月十九日

王元書

二零一八年八月三十日

曹氏篡漢

窦氏消亡兮宦官用事，既诛陈蕃兮复杀窦武。汉儒党争兮佞臣执政，天下大饥兮常侍得宠。张角崛起兮西羌复乱，招兵凉州兮何进授首。烝民涂炭兮王室覆荡，野无鸡鸣兮白骨千里。董卓乘衅兮袁绍构难，官渡大胜兮曹操无君。北征乌桓兮蹋顿败亡，东临碣石兮沧海扬鞭，乌鹊南飞兮败军赤壁。西伏陇右兮魏武远征，马腾流窜兮韩遂败亡。匈奴日疏兮杂胡始壮，三分天下兮曹丕篡位。

按：东汉末，生民涂炭。献帝荒淫无能，势必有变，民始得安！曹孟德弭平诸袁，北征乌桓、匈奴，安定中原，功莫大焉！及其自度功比周召，大业可以速成，遂至兵败赤壁，旋师北归，奚足叹息。然而西平汉中，迅即恢复，可见其得人心及坚毅之志也。得陇而未敢望蜀，抑年老而志气渐衰乎。

吴霸江東

围伐董卓兮孙坚出众，战死江表兮子策报仇，霸取江东兮吴郡伤逝，托弟周瑜兮孙权续位。欲谋江夏兮联备抗曹，火攻赤壁兮孟德败走。白衣渡江兮陆逊代蒙，偷袭荆州兮关羽授首。玄德称帝兮进军夷陵，猇亭大战兮兵败伯言，驾崩白帝兮刘备托孤。孙权称帝兮改元黄武，南鲁党争兮忠臣丧命，身死族乱兮晋武伐吴，旗落石头兮王濬灭吴。

按：孙氏兄弟经营江东，抗曹拒蜀，重用周瑜、陆逊，危然后安，善用良士而已矣。孙氏开发江南，至于闽、粤、台湾，有大功于中国也。

蜀漢偏處西陲

靖王之后兮织席贩履，击黄巾兮附孟德，走荆州兮事刘表，志汉业兮觅贤能。风雪加兮顾孔明，隆中应对兮知天下事。联吴抗曹兮孟德败走，欺璋入蜀兮取魏汉中。孤军北伐兮关羽毁败，秭归蹉跌兮白帝托孤。孔明开府兮法治益州，五月渡泸兮荆南始定。两表出师兮六出祁山，未捷先死兮星沉五丈。蒋琬辅政兮姜维为将，费祎继任兮乱臣刺杀，宠信黄皓兮众将离心，阴平偷渡兮邓艾征伐。刘禅降魏兮乐不思蜀。

按：刘玄德三顾茅庐，得孔明，又得法正而后兴。惜乎入蜀而后，虽得汉中，未能抚平蜀地士族。又急于求成，关羽北伐，败走麦城，然后东征孙吴，秭归蹉跌。四方所聚之精英，散于一旦，诚可叹也。及其身死白帝，托孤孔明，亦可知刘郎才气，非常人所及也。孔明报先主之殊遇，六出祁山，惜乎人才未足，将无韩信，文无萧何。是故星沉五丈原，亦无可如何之事。刘备托孤，谓君才倍于曹丕，可惜司马懿才亦倍于丕。亮死，而后主遵从亮之遗奏，任用蒋琬、费祎、姜维，未如后人所述之无能，惜乎以后重用黄皓，亡国于邓艾。至于归命中原，中国一统，天下之大势也，乐不思蜀，何足恨哉。

兩漢文學

汉承先秦兮郁郁典丽，项刘歌诵兮犹好楚声。霸王拔山兮大风颂歌，清远流丽兮武帝秋风。壮观鸿奇兮瓠子天马，贾生过秦兮鵩鸟吊屈。汉赋初兴兮枚乘七发，拓宇楚辞兮受命于诗。宫殿苑囿兮巡游田猎，大赋藻饰兮腴辞云构。兴废继绝兮润色鸿业，相如长门兮子虚上林。缘情绮靡兮体物浏亮，扬雄甘泉兮河东羽猎。讽谏铺陈兮逐贫述志，班固两都兮铺采摛文。张衡感怀兮二京归田，小赋抒情兮班彪北征。蔡邕述行兮祢衡鹦鹉，史公著述兮黄帝迄汉。雄迈古今兮史家绝唱，断代为史兮班固评述。妹昭续编兮汉书始成，都尉送别兮五言之始。百年一人兮婕好团扇，古诗温丽兮清音远浩。指事造形兮穷情写物，怊怅切情兮五言冠冕。

按：唐韩愈文起八代之衰，然而倡议文必秦汉，于我心有戚戚焉！汉赋华丽，盖其时国力最为鼎盛，后无可比。而五言古朴温丽，诗人咏歌，出于心，发乎情，穆穆棣棣，宜乎后世言中华文化者，必称汉唐。

建安文學

文起建安兮俊才云涌，蔡邕飞白兮饮马琴操。聚贤邺下兮魏武沉雄，子桓清越兮陈思独步。洛神淑美兮词采华茂，辞赋凄怆兮五言腾踊。亡家失身兮文姬悲愤，典论论文兮七子并纵。仲宣登楼兮陈琳饮马，公干高风兮应璩雅深。阮瑀章表兮伟长室思，陈寿撰述兮三国叙事。刘徽割圆兮专注九章，两汉朱华兮邺水为盛。中原板荡兮西凉稍安，豪杰远行兮山川形胜。大漠苍茫兮丹霞璀璨，磊落使才兮慷慨任气。

按：建安文学，承两汉朱华，开隋唐盛世。蔡邕父女，三祖陈王，七子并驰，得五言之冠冕，极汉赋之朱华。

西晋

邓艾西征兮偷渡阴平，钟会侵功兮司马独大。楼船顺流兮铁锁沉江，旗落石头兮王濬灭吴。定都洛阳兮改元泰始，世族复兴兮汲汲求利。承魏举才兮九品取士，唯能是用兮名节渐丧。空谈节俭兮晋武斗富，去州郡兵兮八王乱政。胡族内迁兮强敌环伺，晋议徙戎兮江统先导。鲜卑不臣兮河西入侵，匈奴复出兮并州崛起。妄称宗室兮伪刘遍阡，永嘉大乱兮石勒横行。刘曜掳帝兮青衣行酒，黎民不堪兮五胡乱华。

按：司马篡曹，克蜀灭吴。世族复兴，然而汲汲求利，名节渐丧，又无能处理东汉以来胡族内迁所产生之诸般问题，终致刘曜掳帝，石勒横行，良可叹也。

東晋

士族南迁兮建康称帝，党同伐异兮抑压吴地。朱张顾陆兮王谢为大，权倾天下兮琅琊王氏。谱牒为则兮门阀士宦，祖逖澄清兮渡江击楫。攻灭成汉兮桓温北伐，灞水旋师兮洛阳暂驻。骄而恃众兮丧军慕容，退守建业兮前秦灭燕。篡位不果兮王谢护晋，北府兵威兮大胜苻坚。观棋不语兮淝水谢安，气吞万里兮寄奴如虎。讨灭桓玄兮兴复晋室，北擒慕容兮南枭卢循，经略西北兮不果南归。西执姚泓兮灭绝后秦，恭帝禅让兮刘裕弑君。

按：晋室南迁，国祚长于西晋，盖自孙权以还，北方士族，深入江左，根蒂已深，不易动摇矣。虽曰士族抑压吴地，胡人势力未逮江南。汉人精锐，尽集于此。中国门第，于斯为盛。然而抗拒外族南侵，王、谢有大功焉。至于桓温、刘裕，北伐虽未成功，亦一代豪杰也。

前秦苻堅

枋头入关兮苻氏崛起，攻占长安兮遂霸陇蜀。氐族汉化兮任用汉臣，既灭前燕兮又灭仇池。西达葱岭兮东极大海，北至大漠兮南控江淮。忠言逆耳兮期吞江南，百万军散兮关中辱国。

按：苻坚任用王猛，汉化有成，然而根基未定，不听王猛遗劝，欲吞东晋。全军溃散，关中被辱，自刎而卒，亦可哀也。

北魏

鲜卑代兴兮拓跋坐大，定都平城兮攻掠后燕。对峙刘宋兮西灭鄯善，亡夏燕凉兮太武北统。摩崖石窟兮雕塑遍野，云冈龙门兮陇西敦煌。天水麦积兮永靖炳灵，中西交融兮地理文学，洛阳伽蓝兮道元水经。孝文汉化兮迁都洛阳，根基未固兮六镇民变。

按：北朝遍布胡人，鲜卑拓跋氏汉化最深。中西文化交融，于斯为盛，延及隋唐。

魏晋清谈

士求悦己兮唯美修容，无为清净兮道法自然。骈赋协韵兮和声天成，梵音远来兮经读感怀。黄老得尊兮儒学式微，丽辞缤纷兮镂心敷藻，典雅擅长兮英华迈俗。正始玄学兮何晏王弼，祖述老庄兮以无为本。开物成务兮无往不存，无名无誉兮佛道交融。

按：魏晋清谈，史家诟病。然而中国历代文人，未有如此时期文人求美和尊崇大自然之极致者。历代以还，科学以应用为主，基础科学则以魏晋南北朝为最盛，可比拟西方之文艺复兴。惜乎隋唐科举制度，尽毁此自由求美之精神。

兩晉風流

才兼文墨兮右军雄逸，步兵咏怀兮情寄八方，叔夜赋琴兮托喻清远。刘伶酒德兮向秀思旧，披沙简金兮陆机浮云。波澜宏阔兮西征潘岳，博物藏书兮清畅张华。郭璞江赋兮彪炳磅礴，靖节归去兮自然超迈。乐天知命兮葛洪抱朴，化学得传兮炼丹罗浮。

按：魏晋南北朝承两汉之辞赋五言，汉赋进而为俳赋，而绘画书法，更是一时之盛，隋唐文学，溯源于此乎。

佛法東來

流沙万里兮震旦远来，敦煌菩萨兮月氏高僧。大乘得译兮般若法留，龟兹苦读兮母子修道。罗什东来兮释风渐行，一十七载兮弘法凉州。前秦遗将兮吕光夺佛，后秦力邀兮鸠摩入京。远涉长安兮翻译诸经，法华金刚兮维摩三论。子弟传宗兮什门四圣，译本未全兮宏义未功。法显西游兮留学天竺，峦叠葱岭兮木簇鹫峰。朝行雪山兮夜渡冰川，顾寻所经兮心动汗流。去国十三兮终得戒律，译经建业兮摩诃僧祇。

按：佛教自天竺经大月氏而入中国。佛道交融，冲击儒家思想，影响中国文化至巨！

劉宋蕭齊

七分天下兮刘宋四分，中原未定兮拓跋争雄，元嘉伐魏兮仓皇北顾。儒玄文史兮宋帝立馆，义庆新语兮言简俊秀。著书后汉兮范晔留名，松之注述兮三国史成。剩余有理兮孙子经算，筹学骤起兮二祖缀术。跌宕起伏兮恨别江淹，文典以怨兮咏史左思。三都十年兮洛阳纸贵，芜城有赋兮鲍照凄怆。灵运五言兮芙蓉出水，延年白马兮错采镂金。

按：刘宋国小，僻处南方，然而儒、玄、文学、筹算、历学，均不逊于盛唐，岂东西交融，学者皆荟萃于江南乎。

北齊北周

北魏衰败兮国分东西，高欢拥立兮定都邺城。孙洋篡位兮北齐淫逸，北魏孝武兮西奔长安，关中立国兮宇文权重。既败东魏兮复灭后梁，恭帝禅让兮北周始霸。武帝奋威兮高齐毁败，主少国危兮杨坚篡位。

萧梁南陳

梁武佞佛兮舍身四度，民穷财尽兮侯景作乱。千里绝烟兮白骨成聚，僧辩降敌兮北齐入境。霸先篡位兮诛杀大将，叔宝荒淫兮河山日下，杨广灭陈兮丽华匿井，昭明集述兮始评文学。刘勰文心兮钟嵘诗品，沈约四声兮八咏传世。撰述宋史兮作赋丽人，玉台新咏兮徐陵宫体。哀赋江南兮庾信凄怨，达摩东渡兮建业暂驻。法救迷情兮一花五叶，一苇渡江兮长芦久住。面壁九年兮禅宗始兴，玄佛交融兮隋唐延续。

按：梁、陈二朝，民不聊生，然而中国文学批评，实始于此时，刘勰文心雕龙、钟嵘诗品、昭明太子文选仍为现代探讨古代文学之极品。沈约『四声』八咏，庾信哀江南赋，诗人墨客，不可不读。至于达摩创立禅宗，影响中国文化至深。此等大事，均发生于梁、陈二朝，亦可异也。

敦煌麦積石窟

高窟嵯峨兮千载经营，壁画塑像兮魏齐始盛。飞天伎乐兮佛门史迹，菩萨左右兮释迦侧卧。玄黄色杂兮罗汉叠壁，画图焕绮兮吐曜含章。龙凤呈瑞兮虎豹凝姿！俯仰顾眄兮彤彩之饰？流离烂漫兮霞驳云蔚，丹青并饰兮金玉同镌。神仪内莹兮宝相外宣，归诚妙觉兮标志上玄。

按：莫高、炳灵、麦积诸洞窟，雕塑画壁，西域藏书，俱可溯源至于北魏，千年建设积蓄，奚止中华之瑰宝，亦世界之遗珍也。

丘成桐

2018年8月16日

图书在版编目（CIP）数据

中华赋 / 丘成桐著 ; 王元书 . -- 北京 : 高等教育出版社 , 2022.5
（数学与人文）
ISBN 978-7-04-057948-2
Ⅰ. ①中… Ⅱ. ①丘… ②王… Ⅲ. ①中国历史－远古 - 魏晋南北朝时代 Ⅳ. ① K209
中国版本图书馆 CIP 数据核字 (2022) 第 019789 号

中華賦

ZHONGHUAFU

物 料 号　57948-00

出版发行　高等教育出版社
社　　址　北京市西城区德外大街 4 号
邮政编码　100120
印　　刷　河北信瑞彩印刷有限公司
开　　本　787mm×1092mm　1/16
印　　张　15.5
字　　数　157 千字
购书热线　010-58581118
咨询电话　400-810-0598
网　　址　http://www.hep.edu.cn
　　　　　http://www.hep.com.cn
网上订购　http://www.hepmall.com.cn
　　　　　http://www.hepmall.com
　　　　　http://www.hepmall.cn
版　　次　2022 年 5 月第 1 版
印　　次　2022 年 5 月第 1 次印刷
定　　价　99.00 元

策划编辑　和　静
责任编辑　和　静
书籍设计　张申申
责任印制　耿　轩